Gabriele Borgmann

Business-Texte

Von der E-Mail bis zum Geschäftsbericht.

Das Handbuch für die Unternehmenskommunikation

Bibliografische Information der Deutschen Nationalbibliothek

Die Deutsche Nationalbibliothek verzeichnet diese Publikation in der Deutschen Nationalbibliografie; detaillierte bibliografische Daten sind im Internet über http://dnb.d-nb.de abrufbar.

Redaktion: Cornelia Rüping

ISBN 978-3-7093-0490-7

Es wird darauf verwiesen, dass alle Angaben in diesem Werk trotz sorgfältiger Bearbeitung ohne Gewähr erfolgen und eine Haftung der Autorin oder des Verlages ausgeschlossen ist.

Umschlag: buero8

© LINDE VERLAG Ges.m.b.H., Wien 2013
1210 Wien, Scheydgasse 24, Tel.: 01/24 630
www.lindeverlag.de
www.lindeverlag.at

Satz: psb, Berlin
Druck: Hans Jentzsch & Co. Ges.m.b.H.
1210 Wien, Scheydgasse 31

Für Emily und Tina

INHALT

Vorwort

Ich schätze Zahlen. Und noch mehr schätze ich Worte. Sie erst entschlüsseln den Mythos Markterfolg.

Ein Manager in einem Top-Unternehmen mag auf die Frage: „Wie erfolgreich war Ihr Jahr?" mit Nonchalance die Bilanz im Geschäftsbericht aufschlagen und schweigend mit dem Zeigefinger aufs Ergebnis tippen. Er mag dabei das Kinn heben und dem Gewinn mimisch Ausdruck verleihen. Er hat recht. Eine Erfolgszahl prägt eine Seite im Geschäftsbericht mehr als jede Veredelung durch eine Agentur. Aber unerklärt, unkommentiert, ohne Mut zum Wort bleibt sie ein nüchternes Zeichen auf dem Papier. Um wie viel wertvoller wird sie, wenn sich rund um den Erfolg herum Geschichten ranken.

Ich darf 3000 Unternehmen zu meinen Kunden zählen. Diese Vielfalt an Ideen, Strategien und Zielen, an Unternehmenspersönlichkeiten fasziniert mich. Zu 100 Prozent konzentriere ich mich auf die Entwicklung und das Ergebnis und die Philosophie dahinter. Und irgendwann gegen Ende eines Tages flackert eine Frage auf: „Wie können wir herausragen, hoch heraus aus dem Wirbel am Markt?" One Mile more: mit mehr Leistung und mehr Service. Mit Selbstverständnis. Und: mit Worten. Mit Texten. Mit einem Storytelling, das Hidden Champions sichtbar macht, das die Top-100-Unternehmen derart leuchten lässt, das sie unverwechselbar macht. Mit Unternehmenslektüren, die überraschen und eines versprechen: Wir sind auf Augenhöhe. Wir sind erreichbar und für sie – die Kunden – da.

Business-Texte sind Ideengeber und Trendsetter, sie sind Chancen. Greifen Sie als Unternehmer danach. Schreiben Sie nach den Regeln der Kunst und nehmen Sie sich den Raum für Begegnung, für Berührung mit Ihrem Leser. Und bleiben Sie dabei authentisch. Gabriele Borgmann ermuntert Sie dazu – mit leichter Feder und Schreibkompetenz. Ich wünsche ihr viele Leser.

Ich habe in 25 Jahren Beraten, Schreiben und Reden eines verstanden: Nicht die Summe der kleinen Spuren zählt. Die verwehen schnell in der Informationsflut am Markt. Es sind die ehrlichen Geschichten, die haften bleiben, die mit Kraft von Niederlagen und Höhenflügen, von Risiken und

Chancen erzählen. Hinterlassen Sie große Spuren. Schreiben Sie sich an die Spitze Ihrer Branche und in die Herzen Ihrer Leser. Das wünsche ich Ihnen.

Ach ja, ich habe übrigens Schuhgröße 49.

Ihr
Hermann Scherer

Einleitung: Farbe aufs Blatt

Wer ein Buch schreibt, will zweierlei: mit Wissen glänzen oder Aufmerksamkeit erregen. Beides will ich nicht. Als Ghostwriterin für Sachbücher und Unternehmensbücher habe ich in den vergangenen Jahren manches Werk konzipiert und getextet, habe meine Performance im Schatten getanzt. Und mit dem Schlusspunkt bin ich wieder verschwunden. Ohne Verbeugung, spurlos, geräuschlos, wie Geister eben sind.

Im letzten Jahr jedoch war alles anders. Ich spürte am Ende eines Schreibprojekts eine Unruhe und ahnte, die würde nicht von flüchtiger Dauer sein. Ich hatte recht. Sie wuchs zu einer Idee heran und pochte solange in meinem Kopf, bis ich ihr eine Chance auf Verwirklichung gab, indem ich sie aufschrieb: Was wäre, wenn mein Name auf einem Buchdeckel stände? Ich starrte eine Weile auf den Satz, der für eine Ghostwriterin völlig verwegen war. Rückblickend begann in diesem Moment mein Weg zum Buch.

Seit vielen Jahren befasse ich mich mit der Sprache in Unternehmen. Sie reizt mich. Denn sie spiegelt die beiden Aspekte Leistung und Kultur. Sie gibt letztendlich eine unverwechselbare Note. Ich finde, die Sprache in Unternehmen sagt die Wahrheit über dessen Charakter. Und so war es damals nur ein kleiner Gedankensprung vom Blatt vor mir bis zum Inhalt meines Buchs: Business-Texte.

Ich möchte Sie mit diesen Seiten ermuntern, leicht und authentisch zu schreiben, persönlich und sympathisch. Ich möchte Ihnen zurufen: Farbe aufs Blatt. Business-Texte müssen nicht schwarz-weiß, kurz und knapp und immer gleich sein. Sie können neben der Sachlichkeit auch mal melodisch klingen und das Herz streifen.

Ich freue mich darauf, Sie Seite für Seite zu begleiten, um dann nicht wieder als Ghost zu verschwinden, sondern mit diesem Buch mein Statement für gelungene Business-Texte zu geben. Mit Namen. Auf dem Deckel.

Ich wünsche Ihnen Erfolg und Freude beim Schreiben und den Mut, mit Farbe zu kleckern. Dazu brauchen Sie die passenden Werkzeuge und jede Menge Kreativität und immer den Blick auf das Unternehmen.[1]

Ihre
Gabriele Borgmann

---

1   Übrigens: Ich schätze die Text-Leistung von Frauen und Männern gleichermaßen! Dennoch verzichte ich auf Doppelkonstruktionen, um die Melodie im Text nicht zu unterbrechen.

Kapitel 1

Schreiben im Unternehmen

Business-Texte sind anders, heißt es oft. Das finde ich nicht. Sie bestehen aus Subjekt, Prädikat, Objekt, aus Bestimmungen, Ergänzungen und fügen sich auf den Zeilen zu einer Botschaft. Auch sie richten sich an einen Leser. Der nimmt sich Zeit, um den Sinn und Inhalt Ihrer Worte zu erfassen. Machen Sie es ihm leicht. Begegnen Sie ihm freundlich. Bringen Sie auf den Punkt, was Sie meinen, und fügen Sie Ihren Texten jene Nuancen hinzu, die Ihrem Leser gefallen. Für Business-Texte gibt es Regeln, aber ebenso den Freiraum, mit eigener Schreibstimme zu wirken.

Kreative Spielwiese oder feste Regeln?

Schließen Sie die Augen und denken Sie an drei Dinge: eine lila Kuh, einen angebissenen Apfel und eine schwarze Rose. Sofort regen sich Ihre linke und rechte Gehirnhälfte und verknüpfen Information mit Emotion: Sie schmecken einen Hauch von Süße im Mund und Ihnen fällt die Marke Milka ein. Sie streichen über das Gehäuse Ihres iPads in der Jackentasche und das Symbol von Apple poppt auf. Und die Rose? Vielleicht erinnern Sie sich an ein Dekor auf einem Teller von Meissen, vielleicht an eine Cremetube von Lancôme, vielleicht spüren Sie den Stich im Zeigefinger, geritzt von den Dornen Ihres Geburtstagsblumenstraußes. Sie wissen es nicht genau.

Diese kleine Gedankenreise macht deutlich: Assoziationen entstehen durch Bilder. Und durch Worte. Leser brauchen Geschichten, damit sie bereit sind, Ihre Markenwelt zu betreten und die Eindrücke zu speichern. Sie wollen gebeten und geködert werden, wollen Überraschendes und Spannendes, Sachliches und Begehrliches erfahren und sich dabei fühlen wie ein gern gesehener Gast. Diese Geschichten dürfen kreativ sein und immer etwas mutiger als die der Konkurrenz, aber sie müssen in Stil und Ton zu Ihrer Unternehmenspersönlichkeit passen – wie der weiße Pferdeschwanz zu Karl Lagerfeld.

Erschaffen Sie Ihre Merkmale, die sich ergeben aus

→ Unternehmenskultur,
→ Kernkompetenz,
→ Leistung samt Portfolio,
→ Werten,
→ Leitsätzen,
→ Vision.

Die Unternehmenskultur ist der Boden, auf dem Sie wachsen

Ein Unternehmen für Bio-Babykost wird niemals Fastfood für Singles auf den Markt schleudern. Das würde die Verbraucher irritieren. Sie würden die Nase rümpfen, an die Gesundheit ihrer Kleinen denken und zukünftig einen weiten Bogen um die Produkte machen. Bei der Aufforderung, die Augen zu schließen und an dieses Unternehmen zu denken, würde Ihre rechte, die gefühlvolle Gehirnseite Alarm schlagen mit der Vorstellung von toten Kalorien und Glutenallergie. Lassen Sie sich also messen an Ihren Versprechungen. Verpflichten Sie sich, Ihrer Philosophie treu zu bleiben und Ihre Werte verlässlich zu leben. Die Gründungsidee bleibt bestimmend für den Markenerfolg. Sie zu beschreiben, zu verfeinern, ihr eine Bedeutung zu verleihen mit Leitsätzen, sie aufzufächern mit Visionen und zu verdichten mit einem Motto, das ist eine Grundhaltung im Business.

Persönlichkeit ist alles

Wahrer Charakter entwickelt sich erst über die Jahrzehnte. Er gewinnt an Ausstrahlung und Eigensinn. Er wird geformt durch Erfahrung und bleibt lebendig durch Visionen. Das Problem ist nur: Als Unternehmen haben Sie für ein Reifen in Ruhe keine Zeit. Gründungsberater werden nicht müde zu betonen, dass Neustarter sich in den ersten drei bis fünf Jahren am Markt positionieren müssen. Eile ist angesagt, nicht schlendern. Deshalb: Visualisieren Sie Ihr Unternehmen, stärken Sie Ihre Kommunikation und binden Sie alle – vom Pförtner bis zum CEO – in den Unternehmensprozess ein.

Eine wahre Persönlichkeit zeigt Präsenz, Verlässlichkeit und lebt ihre Werte. Darüber redet und schreibt sie. Legen Sie Ihre eigene Art der Performance aufs Blatt. Mit jeder E-Mail, jedem Brief, jedem Text im Unternehmen. Mit stimmigen Argumenten, mit einem Storytelling, das weit über Floskeln hinausgeht. Das Zauberwort lautet Stringenz: im Aussehen, im Verhalten, im Schreiben. Definieren Sie Ihren Stil auf der Grundlage Ihrer Unternehmenskultur und dann drehen Sie ein wenig an der Lautstärke – nicht zu viel und keinesfalls zu wenig.

Die Dosis macht das Gift

Für Business-Texte gibt es Regeln und die sind sakrosankt. Legen Sie in einem Manual fest, was Ihnen wichtig ist. Achten Sie besonders auf die folgenden drei Facetten Ihrer Corporate Identity:

1. Das Corporate Design

Es visualisiert Ihr Unternehmen durch Logo, Farbe und Schrift. Diese drei Elemente bestimmen Ihren Auftritt intern und extern. Sie sind erkennbar auf der gesamten Geschäftsausstattung, in Ihrer digitalen oder Print-Präsenz oder bei Live-Auftritten, zum Beispiel bei Messen oder Workshops. Die Entscheidung über dieses Outfit ist Chefsache. Ob es kühl, frech, romantisch oder innovativ wirkt, das wird sich in erster Linie nach der Unternehmenskultur richten und nach den Werten, die Sie vermitteln, nach der Leistung, die Sie anbieten. Und nach dem Geschmack Ihrer Zielgruppen. Agenturen bieten eine Vielzahl von Strategien an, um Ihre Ausdrucksform zu finden und zu etablieren. Sie haben die Wahl zwischen Wort-, Bild- oder Farblogo, zwischen mehr als zigtausend lizensierten Schriften (Sichtproben der beliebtesten finden Sie unter www.fontshop.com).

Ein Corporate Design ist mehr als Kosmetik. Es geht viel tiefer und manchmal unter die Haut. Ein Logo ist ein Sinnbild für Ihr Selbstverständnis und Ihre Schrift drückt Ihr Denken und Handeln aus. Mercedes beauftragte Professor Kurt Weidemann mit dem Entwurf einer Schrift-Trilogie und so entstand zwischen 1985 und 1990 die Corporate ASE. Damit schafft das Unternehmen eine Wiedererkennung weltweit, vermittelt Vertrauen und Verlässlichkeit der Marke.

> **Tipp**
>
> Binden Sie Ihre Mitarbeiter früh ein. Packen Sie die Entwicklung Ihres Designs in eine Story von der Idee bis zum Auftakt. Richten Sie kleine anregende Häppchen an, serviert im interaktiven Intranet. So können Ihre Mitarbeiter den Prozess erleben und kommentieren.

2. Die Corporate Behaviour

Zum Selbstverständnis zählt das Verhalten auf dem Bühnenparkett ebenso wie in den Unternehmensräumen. Wie möchten Sie wahrgenommen werden: lässig, modern, traditionell? Mit jeder Begegnung, mit jedem Gespräch senden Sie Botschaften und die summieren sich zu einem Gesamtbild, je zuverlässiger Sie Ihren Stil pflegen. Wenn Sie in einer Bank- oder Beratungsgesellschaft arbeiten, ist ein höflicher Ton nach Knigge-Art angebracht, damit Ihr Kunde Vertrauen gewinnt. Es wirkt unglaubwürdig, wenn während eines Beratungsgesprächs inmitten von Designermöbeln und Kunst an den Wänden nebenan die Türen geschlagen werden und Geschrei durch den Flur dröhnt.

Entwerfen Sie für Ihre Mitarbeiter einen Verhaltenskodex, der die Grundlage für Gespräche definiert und ebenso den Ton in Texten. Formulieren Sie diese Sätze als Chef des Unternehmens und bitten Sie Ihren Kommunikationsleiter darum, die Mitarbeiter bei Bedarf zu beraten. Dieser Kodex könnte so aussehen:

Wir sind stolz darauf, in der Solarschein AG zu arbeiten.
Wir setzen uns mit unserem Wissen und unserer Persönlichkeit für die Erfolge des Unternehmens ein und dafür, dass sich die Visionen erfüllen.
Wir reden innerhalb und außerhalb des Unternehmens in einer wertschätzenden Weise.
Wir bilden uns stetig fort und bringen unser Wissen abteilungsübergreifend ein, damit wir Synergien erzeugen und die Leistung steigern.
Wir begegnen jedem Mitarbeiter und jeder Mitarbeiterin ohne Vorurteile und stets mit Respekt.
Wir pflegen einen freundlichen Ton in Gesprächen und ebenso in den Texten.
Wir stehen mit Rat jedem zur Seite, der unsere Hilfe sucht.
Wir achten die Meinungen der anderen.
Wir verstehen uns als eine multikulturelle Gemeinschaft, schätzen fremde Kulturen und empfinden fremde Gepflogenheiten als Bereicherung, solange sie zu unseren Unternehmenswerten passen.
Wir begegnen jedem Partner und Kunden mit einer höflichen und serviceorientierten Haltung.

Wir wollen, dass unsere Gäste sich wohlfühlen, und vermitteln in Gesprächen und mit Texten unsere Philosophie, dass Menschen mit einem tiefen Bewusstsein für den Wert der Natur leben sollten.

Wir bevorzugen bei Unternehmensgebäuden, Innenausstattungen, Möbeln, Stoffen natürliche Materialien, um die Umwelt zu schonen und unserer Philosophie Ausdruck zu verleihen.

Wir tragen Sorge für die benachteiligten Kinder unserer Region durch jährliche Geldspenden und unterstützen Kindergärten und Schulen mit giftfreien und handgefertigten Spielzeugen und Lernmitteln.

An ihrem Verhalten müssen sich sowohl Chefs als auch Mitarbeiter messen lassen. Niemals darf die Schere zwischen schriftlichen Versprechen und dem Umsetzen in der Wirklichkeit auseinandergehen.

3. Die Corporate Communication

Diese Form der Kommunikation ist von strategischer Bedeutung. Sie umfasst die Werbung sowie die gesamte PR-Arbeit und hat in der Essenz ein Ziel: zu vermitteln, wofür Sie stehen. Machen Sie das stringent. Wenn ein Unternehmen wie BMW behauptet, es habe Freude am Fahren, dann findet sich dieses Gefühl in der Magazingestaltung ebenso wieder wie in den Pressetexten für die Redaktionen oder in den Mailings an die Kunden. Dann stehen die Sehnsucht der Fahrer nach Weite, Komfort und Tempo im Mittelpunkt und gleichzeitig der Wunsch nach formschönem Design. Und wenn ein Unternehmen wie die Solarschein AG aus unserem Beispiel in eine Branchenkrise schlittert, dann sind Worte vom Chef gefragt. Nehmen Sie jede Krise ernst und setzen sie ihr einen Text zur Klärung entgegen. Nutzen Sie dabei keine Bausteine und keine Agenturentwürfe, sondern schreiben Sie ehrlich und authentisch, etwa so:

Liebe Mitarbeiterinnen, liebe Mitarbeiter,
Sie lesen es nahezu täglich in den Zeitungen: Unsere Branche hat ein Problem. Waren wir noch vor zehn Jahren weltweit für das deutsche Know-how in der Solartechnik geschätzt, so hat dieses Selbstverständnis Kratzer bekommen. China läuft uns den Rang ab. Das trifft uns als bisherigen

Marktführer hart. Betrachte ich die Kennzahlen in diesem Jahr, so lässt es sich nicht leugnen: Wir müssen Umsatzeinbrüche von mehr als 40 Prozent verkraften. Das wird sich vorerst nicht auf Ihre Arbeitszeit, Ihre Verträge oder Ihr Gehalt auswirken. Vielmehr werden wir in die Offensive gehen und eine Kampagne starten mit dem Thema „Wir forschen für die Zukunft". Darin werden wir Sie mit Ihrem Wissen und Ihrem Engagement in den Mittelpunkt stellen, bildlich und wörtlich. Wir setzen auf Nachhaltigkeit, weil wir betonen, dass die Solarzellen von Solarschein keine Massenware sind, sondern ein innovatives Produkt mit der Lebensdauer einer ganzen Generation.

Ich bin überzeugt, dass diese Kampagne ein Erfolg sein wird, und danke Ihnen jetzt schon für Ihr Vertrauen und vor allem für Ihre Leistung tagtäglich im Sinne des Unternehmens.

Ich halte Sie auf dem Laufenden und freue mich auf Ihr Feedback zu unserer Kampagne, deren Konzept ich Ihnen beifüge.

Mit besten Grüßen

Dr. Rolf Wegner

Vorsitzender des Vorstandes

So kann es gehen: Schreiben Sie charaktervoll und authentisch. Und stellen Sie sich Ihren Leser vor, wenn Sie die Sätze formulieren.

Das Ganze ist mehr als die Summe seiner Teile

So hat es schon Aristoteles formuliert. Jede Philosophie hat eine unbekannte Größe, die irgendwo zwischen den Teilchen liegt, und das macht die Sache spannend. Eine Corporate Identity kann von Experten ausgefeilt und formvollendet dargelegt werden, sie bleibt doch nur ein Konstrukt, wenn nicht Mitarbeiter sie mit Leben füllen und ihr einen Herzschlag geben. Sie atmet Langeweile aus, wenn der Raum für die eigene Schreibstimme fehlt. Lassen Sie Ihren Mitarbeitern Freiheit für Bewegung, für Sprünge nach oben, für Texte fernab der Wörterkiste des Chefs.

Die schönsten Leitsätze nützen nichts, wenn sie die Wand des Chefbüros schmücken und Besucher beeindrucken. Dort haben sie den Stellenwert eines Staubfängers. Leitsätze müssen rein in die Köpfe der Mitarbeiter und in deren

Bäuche. Sie müssen ein ganzheitliches Gefühl von Stolz auf das Unternehmen wecken. Jeder Satz muss inhaliert werden und sich festsetzen als Versprechen, jeden Tag alles dafür zu tun, damit die Visionen im Unternehmen wahr werden.

Schreibstimme entwickeln

Im Mittelalter warben die Handwerker, Bauern und Gaukler um die Gunst der Leute. Wer sich auf Märkten im Treiben behauptete, der rückte ins Blickfeld der Kunden. Ware gegen Münze und ein Händedruck mit der Hoffnung, sich am nächsten Wochentag wiederzusehen. Das war der Kommunikationsweg im Gedränge. Um wie viel facettenreicher sind die Wege heute. Unternehmen schreien längst nicht mehr auf Marktplätzen. Sie modellieren ihre Stimme und variieren in Nuancen, treten mal leise, mal lauter auf. Sie setzen Akzente bei der Ansprache ihrer Kunden. Heute zählt die Bindung mehr als die Hoffnung, und die wird umso enger, je verständlicher Sie sprechen und schreiben und je mehr Inhalt Sie in passende Klangfarben verpacken. Dieses Spiel ums Wort aber will geübt sein.

Wie wäre es, wenn Sie einmal leise reden würden, um jenen Nerv des Kunden anzuregen, der seit 500 Jahren verkümmert? Dieser Nerv sitzt auf der Stirn, genau zwischen den Augen. Lügen, Stress und Dauerschall geben dorthin Impulse. Sofort zieht sich die Stirn zusammen, eine Falte gräbt sich in die Haut: die Zornesfalte. Mag auch Botox äußerlich helfen, dieses Gift behebt die Ursache nicht. Der Ärger über belanglose Phrasen gärt weiter. Die Sehnsucht nach Ruhe wächst, nach Erfolgsstorys im Krisengejammer und nach einer leichten Tonalität.

Leise schreiben heißt nicht leisetreten

Kompetenz wächst nicht mit einem Ausrufezeichen hinter dem Wort. Diese Einsicht möchte ich nun in den Mittelpunkt stellen und Ihnen Mut machen, leise zu schreiben,

- ➜ indem Sie Ihr Augenmerk auf den Inhalt legen.
- ➜ indem Sie mit Geschichten inspirieren.
- ➜ indem Sie Ihre Kommunikation wertschätzend gestalten.
- ➜ indem Sie die Schreibstimme derart abmischen, dass Ihr Leser Sie und Ihr Unternehmen aus hundert Texten als Autor erkennt.

Leise zu sein ist die Grundlage für eine Steigerung im Spannungsbogen, für einen festen Händedruck zum Schluss mit dem Versprechen, in Kontakt zu bleiben. Leise zu sein bedeutet, dem Inhalt Raum zu geben und nicht dem Appell mangels Argumenten.

Der Resonanzboden schwingt

Ihre Schreibstimme im Unternehmen sollte zur Corporate Communication gehören wie das Logo zum Design. Sie zu entwerfen, einzuführen und zu pflegen ist Aufgabe des Chefs. Leider wird sie oftmals vernachlässigt. Dann wird munter drauflos geschrieben, jeder textet nach seiner Fasson. Hauptsache, das Ergebnis ist nett zu lesen und fehlerfrei geschrieben. Die Briefe müssen schließlich raus und die Broschüren gedruckt werden. Termine diktieren den Text. Durchtrennen Sie diese Gewohnheit. Setzen Sie Anreize zum Schreiben, indem Sie in einem Manual Beispiele geben. Es geht ausdrücklich nicht um eine Anleitung zum Texten, die jede Kreativität des Mitarbeiters einschränkt. Sondern darum, einen Resonanzboden zu schaffen, auf dem jeder Text im Sinne der Unternehmenskultur ins Schwingen gerät. Das ist die Voraussetzung für Authentizität.

Sechs Perspektiven für Ihre Schreibstimme

Blicken Sie rückwärts und vorwärts, beachten Sie den Punkt, an dem Sie heute stehen. Benennen Sie Niederlagen, Erfolge, Visionen. Erstellen Sie ein Profil Ihrer Kunden. Nur eine ganzheitliche Betrachtung führt zu einer authentischen Schreibstimme. Nähern Sie sich Ihrer Schreibstimme wie ein

Romanautor seiner Hauptdarstellerin. Hauchen Sie ihr Leben ein und geben Sie ihr einen unverkennbaren Charakter.

1. Ihre Geschichte

Wann gründete sich Ihr Unternehmen?

Überlegen Sie, in welchen Epochen welcher Zeitgeist wehte und wie Ihr Unternehmen sich hinsichtlich Marktposition, Portfolio, Struktur, Diversifikation etc. verändert hat.

Wie charismatisch war der Gründer, spielt er für die gegenwärtigen Erfolge Ihres Unternehmens eine Rolle?

Vielleicht gilt Ihr Gründer noch heute als Vorbild? Dann haben Sie Ihrer Konkurrenz etwas voraus. Nutzen Sie den Vorteil auch für Broschüren und Darstellungen im Internet.

Gibt es in der Geschichte Risse, die Sie offensiv ansprechen sollten?

Vertrauen entsteht durch Transparenz. Niederlagen, Fehlentscheidungen und Katastrophen sachlich anzusprechen ist empfehlenswerter als Schweigen und Hoffen. Aber: Sie einmal zu benennen genügt. Eine klare Formulierung reicht aus und sollte nicht weiter interpretiert werden.

Was sind die Meilensteine in der Unternehmensgeschichte?

Sie wachsen mit Ihren Erfolgen und die sollten in Ihrer Schreibstimme mitschwingen, ohne konkret benannt zu werden. Das Bewusstsein darum reicht aus, um sich als Gewinner zu fühlen und zu präsentieren. Die Grundregel lautet: zeigen, nicht behaupten.

Sind Sie ein Start-up-Unternehmen und haben eine Gegenwart ohne Vergangenheit?

Die Motivation für Ihren Start kann für frischen Wind in der Branche sorgen. Setzen Sie Ihre Spuren im Hier und Jetzt und reden Sie darüber, gerne frecher als etablierte Unternehmen, denn Sie schleppen keine Lasten aus vergangenen Tagen mit sich herum.

Ihre Schreibstimme wirkt ganzheitlich und entsteht nicht losgelöst von der Unternehmensentwicklung. Beginnen Sie bei Ihren Überlegungen mit der Gründung, bestimmen Sie Ihre Position in der Gegenwart und entwerfen Sie die Zukunft für die nächsten fünf Jahre. Das ist der Durchschnitt für die Lebensdauer eines Corporate Designs, dann folgt meist eine Modellage oder Neuausrichtung. Auch die wird sich in Ihren Worten wiederfinden.

2. Ihre Kultur

Welche Werte sind Ihnen wichtig?

Vertrauen, Nachhaltigkeit, Respekt, Ehrlichkeit und Mut zählen zu den Werten, die Deutschlands Manager als bedeutend anführen. Das sollte sich in Ihrer Sprache ausdrücken. Die Ergebnisse der aktuellen Befragung von Führungskräften finden Sie unter www.wertekommission.de.

Benennen Sie die Werte, an denen Sie bei jeder Aktion gemessen werden wollen. Finden Sie zu diesen Werten die passenden Adjektive, um das Sprachklima zu verdeutlichen, zum Beispiel:

- Vertrauen: glaubwürdig, authentisch, wahrhaftig, verbindlich
- Nachhaltigkeit: schonend, zukünftig, sicher, verlässlich
- Respekt: wertschätzend, höflich, freundlich, achtsam
- Mut: innovativ, forschend, dynamisch, klar.

Vervollständigen Sie diese Liste fortlaufend. Sie zeigt ein Wortbild, das zum Unternehmensklima passt. Stellen Sie sie ins Intranet ein und nehmen Sie sie in Ihr Manual auf, so kann jeder Mitarbeiter sich während des Textens inspirieren lassen.

Kapitel 1: Schreiben im Unternehmen

3. Ihr Alleinstellungsmerkmal

Was macht Ihr Produkt zur Marke?

Nennen Sie Ihre Leistung, Ihre Kompetenz, und definieren Sie die Qualität Ihrer Produkte. Fertigen Sie Goldschmuck in Handarbeit oder bieten Sie IT-Lösungen an? Notieren Sie sich Begriffe, die Ihre Tätigkeit prägen, so wie bei den beiden folgenden Beispielen.

→ Goldschmuck: Luxus, Individualität, Lifestyle, Mode, Unvergänglichkeit
→ IT-Lösungen: Digital, Echtzeit, Module, online, Flow, Information

Was tragen Sie neben Ihrer Kernkompetenz zum allgemeinen Wohlbefinden in der Gesellschaft bei?

Unterstützen Sie eine Organisation wie Greenpeace? Entwerfen Sie Fundraising-Aktionen für die Schweizer Krebsliga? Finden Sie Begriffe, die zu Ihrer gesellschaftlichen Verantwortung passen, wie es die zwei folgenden Beispiele zeigen.

→ Greenpeace: Natur, Wasser, Ressource, Zukunft, Verantwortung, Artenschutz
→ Schweizer Krebsliga: Krankheit, Tod, Heilung, Vorsorge, Ernährung, Medizin

Legen Sie ein Glossar für Ihre Mitarbeiter an, damit diese Worte die Schreibstimme im Unternehmen prägen.

4. Ihr Image

Wie werden Sie in der Öffentlichkeit wahrgenommen und wie deckt sich diese Wahrnehmung mit Ihrem Profil?

Nichts ist so sensibel wie das Image. Es kann über Nacht auf den Nullpunkt sinken, wenn Ihnen ein gravierender Fehler in der Kommunikation unterläuft. Dann wenden sich Kunden eventuell ab und Neukunden verspüren Berührungsängste. Sie können Mitarbeiter wie Partner und Medien irritieren und verärgern, wenn Sie nicht ehrlich und klar informieren.

Zudem muss die Schreibstimme im Unternehmen zum Image passen: Sie ist keck, wenn Sie sich jung geben wollen. Sie ist gediegen, wenn Sie Ihre Traditionen pflegen, und sie ist kühl, wenn Sie sich in Wissenschaft und Technik einen Namen machen.

Denken Sie einmal darüber nach, wie erfolgreiche Firmen punktgenau ihr Image schärfen. Wenn ein Markenunternehmen wie Bechstein den Mythos des Gründers aufleben lässt, dann wird in den Texten der Zeitgeist vergangener Tage wehen, in etwa so:

„Traum und Wirklichkeit
1857 brachte kein Geringerer als Hans von Bülow in Berlin die Sonate in h-Moll von Franz Liszt auf dem ersten C. Bechstein-Konzertflügel zur Uraufführung.
Das Publikum war ergriffen von dem Timbre, von der kraftvollen Dramatik, von der delikaten Transparenz des Klangs.
In solchen Momenten begann der Mythos. Da war Carl Bechstein 30 Jahre alt. Seine Weltkarriere lag noch vor ihm. Sein Ruhm würde niemals wieder enden."
(Auszug aus dem Katalog „Louis XV – Der legendäre C. Bechstein Goldflügel")

Redet ein Unternehmen wie die Deutsche Bahn von einer dynamischen Zukunft, dann braucht es Worte, die Tempo machen und dennoch die Nachhaltigkeit markieren, so wie in der Strategie DB 2020:

„Ausgehend von der Vision ‚Wir werden das weltweit führende Mobilitäts- und Logistikunternehmen' hat sich die DB daher in den drei Nachhaltigkeitsdimensionen folgende Ziele gesetzt: Profitabler Marktführer, Top-Arbeitgeber und Umwelt-Vorreiter."
(Auszug Strategie DB 2020)

Ein Marktführer der Medizintechnik wird seinen Broschüren eine sterile Note geben. Gerne entwerfe ich ein Beispiel:

Im Mittelpunkt unseres Denkens und Handelns steht der Mensch. Sein Wunsch nach Gesundheit verpflichtet uns zu forschen und zu entwickeln.

Dafür arbeiten mehr als 200 Mitarbeiter weltweit. Mit ihrem Know-how und ihrem Wissen tragen sie täglich dazu bei, dass diese Welt gesünder wird, dass die Lebensqualität steigt.

Hugendubel wagt sich gegen Kindle und iBook vor und bringt in Kooperation mit Thalia, Weltbild, Club Bertelsmann und der Deutschen Telekom einen eBook-Reader auf den Markt. Was interessiert den Leser? Die Technik und der Lesespaß.

„Der neue eBook-Reader tolino shine von Hugendubel garantiert ein völlig entspanntes Lesevergnügen! Die hochauflösende E-Ink® Pearl Technologie in HD sorgt für eine angenehme und klare Schrift, die zugleich Ihre Augen entlastet und Ihnen das Gefühl gibt, auf Papier zu lesen. Sie möchten auch bei Sonnenschein oder Dunkelheit Ihre Lektüre optimal genießen?"
(Auszug Produkttext tolino shine)

Eine Manufaktur für Bilderrahmen wird Schnörkel zulassen. Genau so ist es richtig. Alles andere würde der Kommunikationsstrategie zuwiderlaufen. Mein Vorschlag lautet:

Kunst braucht einen Rahmen. Dann entfaltet sie ihre Wirkung. Dann entsteht eine Komposition aus Farbe und Tiefe, aus Stil und Ästhetik. Ein Rahmen verfeinert die Optik und gibt jedem Kunstwerk eine Erhabenheit.

Bedenken Sie beim Texten, dass Ihr Image durch Ihr glaubwürdiges und vertrauensvolles Handeln entsteht und durch Ihre Schreibstimme, die zu Ihrer Geschichte und Ihrer Leistung passt.

5. Ihre Rolle am Markt

Sie sind Marktführer Ihrer Branche? Prima. Dann dürfen Sie hin und wieder den Superlativ verwenden – sonst nicht. Die Gefahr wäre groß, dass sich eine Schere zwischen Selbst- und Fremdwahrnehmung öffnet, und das wiederum würde Ihrem Image schaden. Kommunizieren Sie Ihren Erfolg angemessen. Bleiben Sie in der Niederlage leise und steigern Sie die Tonalität erst, wenn es wieder aufwärts geht.

6. Ihre Zielgruppe

Kennen Sie Ihre Kunden? Bildung, Alter, Vorlieben und Geschlecht, das sind einige der Parameter, die Sie brauchen, um Ihre Kunden anzusprechen, um sich genau die Person vorzustellen, mit der Sie kommunizieren. Sie halten sich ja auch nicht die Augen zu, wenn Sie auf einer Vernissage zum Smalltalk antreten. Je mehr Sie über die Menschen wissen, die Ihre Leistung schätzen, desto eher werden Sie die Töne treffen, die aufhorchen lassen. Entwerfen Sie Ihre Schreibstimme nicht im gläsernen Turm. Binden Sie Ihre Mitarbeiter ein, veröffentlichen Sie einen Fragebogen auf Ihrer Website oder in Ihrem Kundenmagazin und finden Sie heraus, wer die anderen sind und was sie erwarten.

Eine Unternehmenssprache zu entwickeln ist Chefsache. Der Prozess beginnt meist in einer Expertenrunde und losgelöst vom Tagesgeschehen. Mein Rat lautet: Fragen Sie auch Ihre Mitarbeiter, bilden Sie eine Projektgruppe.

Der Aufbau Ihres Wort-Manuals

Entwerfen Sie ein Manual, in dem Sie Ihre Ergebnisse präsentieren.

1. Erläutern Sie den Sinn des Projekts „Schreibstimme".
2. Geben Sie ihm eine bedeutende Note, indem Sie es zum Bestandteil Ihrer Corporate Identity erklären.
3. Kommentieren Sie das Wortklima, das Sie erarbeitet haben.
4. Bieten Sie Ihren Mitarbeitern Musterbriefe und Mustertexte für digitale Medien an.
5. Weisen Sie darauf hin, dass Broschüren- und Pressetexte nur von Mitarbeitern der PR-Abteilung verfasst werden.
6. Bestimmen Sie die PR-Abteilung als federführend und als Ansprechpartner.
7. Fügen Sie ein Glossar an.

8. Betonen Sie, dass Ihre Mitarbeiter Raum für Kreativität und persönlichen Stil jenseits dieser Vorgaben haben.
9. Runden Sie Ihr Manual mit einem Mutsatz aufs Schreiben ab wie: „Wir vertrauen Ihnen. Sie werden im Sinne unserer Unternehmenskultur schreiben, dem Leser wertschätzend begegnen und damit zu unserem Erfolg beitragen."
10. Weisen Sie auf Ihr Corporate Design hin, denn das Wording fügt sich immer auch in diese Vorgaben ein.

Vom Wert der Worte

Die eigene Schreibstimme hebt das Alleinstellungsmerkmal hoch hinaus über die Angebote der anderen. Diese Geste ist von Eleganz geprägt, von einem Selbstverständnis, das sich aus dem Wissen um den eigenen Wert ergibt. Der französische Dramatiker Molière soll einst gesagt haben: „Die Dinge haben nur den Wert, den man ihnen verleiht." Geben Sie Ihrem Unternehmenswert das Gewicht Ihrer Stimme. Diese sollte so gut zu Ihnen passen, wie die Krawatte zum Anzug.

Waren vor zehn Jahren noch flotte Werbesprüche angesagt, so lockt heute keine Agentur mehr mit Wortakrobatik aus 40 Zeichen einen Kunden an. Das Knallen eines Slogans auf der ersten Seite des Geschäftsberichts kann Eindruck machen. Auf den ersten Blick. Auf den zweiten Blick erwartet der Leser aber Futter. Füllen Sie Ihre Sprüche mit Leben, mit Geschichten, mit Erfolgen. Lassen Sie außerdem Ihre Werte durchklingen, damit Sie dem Leser nicht wieder aus dem Sinn gehen. Um das zu erreichen, brauchen Sie dreierlei: Konsequenz, Präsenz und eine Prise Kreativität.

Freiräume zum Schreiben

Ich weiß, welcher Satz Ihnen gerade auf der Zunge liegt: „Ich kann gut reden, aber nicht schreiben." Ihn fange ich auf und werfe ihn zurück mit einem Zitat des Schreibforschers Daniel Perrin: „Write as you speak." Lösen Sie sich von quälenden Gedanken und empfinden Sie Freude. Wachsen Sie mit Ihren Schreibaufgaben. Das funktioniert, das verspreche ich Ihnen.

Das Storytelling hat in den Unternehmen eine neue Ära der Kommunikation eingeläutet, ich hoffe, sie hält länger an. So möchte ich Sie mit dem siebten Gebot von Sol Stein, einem amerikanischen Schriftsteller und Schreibexperten, zum Texten ermutigen: „Deine Sprache soll präzise, klar und auf Engelsflügeln daherkommen, denn alles Geringere gehört in die Welt der Krämer und Gelehrten, nicht der Schreibenden." Fliegen Sie hoch.

Kapitel 2

Glänzen mit Business-Texten

Von der E-Mail bis zum Unternehmensbuch – so weit reicht die Bandbreite der Textsorten, die bei der Unternehmenskommunikation eine Rolle spielen. Sehen wir uns an, wie Sie aus jedem Text das Beste herausholen, um authentisch und glaubwürdig zu wirken, um Ihr Image zu stärken. Jedes Kapitel enthält eine Geschichte, die zur Textsorte passt und die Sie zum Schreiben inspirieren soll. Mit Beispielen, Anleitungen und Tipps nähern wir uns Ihren Business-Texten.

E-Mail: schnelles Reagieren - aber mit Bedacht

Ich schreib mal kurz eine E-Mail. Sechs Wörter, ein Satz. Und schon droht Gefahr. Der Impuls zuckt vom Gehirn in die Finger. Aber Vorsicht: Bevor Sie eine E-Mail versenden, bevor Sie Chef, Projektteilnehmer, Partner, Kunden oder gar Medien über ein Thema von Relevanz unterrichten, sollten Sie achtsam sein und Ihr Tempo drosseln. Denn: Eine E-Mail bleibt ein Schriftstück, ein Dokument ohne Verfallsdatum.

Kurzer Text mit Wirkung

So kurz die Texte in E-Mails auch sein mögen, sie sind ein Instrument Ihrer Unternehmenskommunikation. E-Mails können weitergeleitet, kopiert, ausgedruckt, abgeheftet, sogar der Presse zugespielt werden. Eine solche Nachricht birgt Gefahren, wenn die Regeln nicht bedacht werden und die Form nicht gewahrt bleibt. Beachten Sie deshalb die folgenden sechs Merkmale einer Business-E-Mail.

1. Betreffzeile als Eyecatcher

Sie ist die Headline zum E-Mail-Text und weckt Aufmerksamkeit. Sie bietet Platz für Appelle, Fragen, Schlag- und Reizwörter. Mit ihr setzt der Absender Prioritäten. Daher ist die Betreffzeile mehr als ein Service für den Leser: eine Pflichtübung für den Absender. Legen Sie Wert, auf Ihre Formulierung in der Betreffzeile.

→ Bringen Sie Ihr Thema auf den Punkt und geben Sie ihm eine Priorität. Beispiel: *Wichtig: Protokoll bis 30.05. ergänzen.*

→ Nennen Sie den Inhalt, fassen Sie zusammen, was Sie wollen. Beispiel: *CD-Manual für Mitarbeiter – Ab heute gelten die neuen Regeln. Bitte beachten!*

→ Leiten Sie mit einer Frage ein. Und liefern Sie die Antwort im E-Mail-Text. Eine Frage macht neugierig, spricht den Leser mittelbar an und suggeriert, dass Sie seine Meinung erwarten. Nach allen Regeln der Rhetorik liest und antwortet er schneller als üblich. Beispiel: *Pressekonferenz heute, 11.00 Uhr. Technik installiert?*

→ Reizwörter bleiben im Gedächtnis. Nicht immer muss eine Betreffzeile sanft erscheinen. Beispiel: *Spitzenreiter der Branche! Wir jubeln.*

→ Appelle motivieren. Sagen Sie bereits in der Betreffzeile, was Sie vom Leser erwarten, nämlich Handeln. Beispiel: *Druckfahne Geschäftsbericht. Bitte dringend Korrektur lesen.*

→ Wenn Sie auf eine E-Mail konkret antworten, lassen Sie die Betreffzeile unverändert. So weiß Ihr Leser, dass es um sein Thema geht. Durch das automatisierte *Return* oder *Answer now* erkennt er, dass Sie reagieren. Das hat Gesprächscharakter.

2. Anrede aus Höflichkeit

Sprechen Sie Ihren Leser persönlich an, am besten auf Augenhöhe. Geschraubte Grußformeln wirken auf dem Bildschirm wie Relikte aus vergangener Zeit und eine allzu saloppe Anrede passt nicht zu einer Business-E-Mail. Die Anredeform richtet sich nach dem Verhältnis und dem Vertrauen zum Leser.

→ *Hallo, Ronald* reicht aus, wenn Sie eine schnelle Information an Kollegen senden.

→ *Guten Tag, Frau Ellers* trifft den Ton, wenn Sie mit Partnern, Kunden oder Journalisten kommunizieren.

→ *Sehr geehrte Frau Hoffmann* hat einen förmlichen Charakter, das widerspricht geradezu dem Medium E-Mail. Ich finde, diese Ehrerweisung passt nicht hierher. Diese Formulierung sollte einem Geschäftsbrief von besonderer Relevanz vorbehalten bleiben.

3. Der Text als Herzstück

Der Charme einer E-Mail ist das Tempo. Formulieren Sie deshalb kurz, aber mit Struktur. Eine E-Mail braucht keine Dramaturgie. Die Kunst liegt darin, in den ersten zwei Zeilen das Wesentliche zu sagen.

→ *Geben Sie dem Leser Zeit zum Atmen – durch ein Absatzzeichen.* Absätze bringen Struktur in Ihren E-Mail-Text. Das tut dem Auge des Lesers gut und seinen Gedanken sowieso. Und es schafft jene Zehntelsekunde Zeit, die der Leser braucht, um sich auf das Thema einzulassen. Werden Sie dann im zweiten Absatz konkret: Welche Hinweise, Bitten, Appelle wollen Sie mitteilen? Dabei haben Sie sogar in wenigen E-Mail-Zeilen die Chance, Ihre Schreibstimme zu zeigen. Auch in der Kürze lässt sich mit Eleganz, Stil und Seriosität schreiben, vielleicht sogar ein Augenzwinkern verstecken. Erzählen Sie so von Ihrer Kompetenz und Laune.

→ *Mit Dank zum Schluss.* Bevor Sie sich verabschieden, machen Sie noch einmal eine Pause – wieder durch ein Absatzzeichen. Greifen Sie gerne Ihr Anliegen noch einmal auf: Bis wann benötigen Sie die Antwort, die Ergebnisse, die Unterlagen? Nennen Sie Datum, Zeit und Ort. Ihre E-Mail galt lediglich der Information? Bitten Sie um eine Antwort, wenn Ihnen das wichtig ist. Und dann bedanken Sie sich für die Aufmerksamkeit oder im Voraus für das Antworten und Handeln. Das ist eine Frage der Etikette und macht das Miteinander angenehm.

4. Abschied mit Namen

Verabschieden Sie sich mit einem Gruß und Ihrem vollständigen Namen. Auch wenn Sie mit Kollegen und Vorgesetzten privat befreundet sind, auch wenn Sie regelmäßig mit Geschäftspartnern Tennis spielen: Ein Business-Text endet mit einem korrekten Gruß und vollständigen Namen. Saloppe Formeln oder gar ein Küsschen am Ende der E-Mail sind ein Fauxpas erster Güte. Sie wissen nie, wo Ihre E-Mail landet, wahren Sie daher die Form: *Mit freundlichen* oder *besten Grüßen* oder mit *Mit Wunsch für eine schöne Woche.*

5. Signatur ist Pflicht

Nach dem Telekommunikationsgesetz sind Sie verpflichtet, dem Empfänger anzuzeigen, wer Sie sind, das heißt, Ihre Kontaktdaten mitzusenden. Darüber hinaus ist es eine Frage der Höflichkeit, den Kontakt auf allen Kanälen zu erleichtern. Verzichten Sie also nicht auf die folgenden Angaben:

→ Ihr vollständiger Name
→ Der Name des Unternehmens
→ Die postalische Anschrift

→ Telefon-, Fax- und dienstliche Handynummer
→ E-Mail-Anschrift und Link zu Ihrer Website

Am besten erstellen Sie eine passende Signatur und speichern diese dauerhaft ab.

Ihr Unternehmen startet gerade eine Kampagne, engagiert sich im Rahmen eines Social-Responsibility-Projekts oder feiert gar ein Jubiläum? Dann werben Sie dafür mit jeder E-Mail, indem Sie ein Imaging hierzu im PDF-, jpg- oder html-Format anhängen. Ich finde, das ist ein sympathischer Hinweis auf Ihr Engagement.

6. Dokumente als Anlagen

Ihre E-Mail endet erst mit der letzten beigefügten Anlage. Bleiben Sie service-orientiert bis zum Schluss, indem Sie Ihre Unterlagen sortieren und in einem geeigneten Format versenden.

→ In welcher Reihenfolge benötigt Ihr Leser die Information: chronologisch, thematisch oder nach Prioritäten?
→ Welche Dokumente bauen aufeinander auf und ergeben letztendlich ein Gesamtbild?
→ Versenden Sie Schriftstücke wie Vermerke, Briefe, Pressemitteilungen, Magazinbeiträge, Rechnungen als PDF. So können Sie sicher sein, dass weder Zeilen verrutschen noch Seitenumbrüche sich ändern.
→ Wenn Sie ein Dokument im Änderungsstatus weitergeben, zum Beispiel während der Redaktionsphase Ihres Geschäftsberichts, dann schreiben und verschicken Sie eine Word-Datei. So kann der Empfänger darin weitere Korrekturen vornehmen und sie Ihnen zurücksenden.
→ Für den Fall, dass Sie Bilder anhängen, sollten Sie daran die Rechte besitzen. So können Sie die Fotos kostenfrei zur Veröffentlichung anbieten. Für Website-Fotos ist eine Bildauflösung von 72 dpi, für Druck-Fotos 300 dpi üblich. Versenden Sie Bilder im JPG-Format. Für Grafiken hat sich das

PNG-Format wegen der Farbenvielzahl gut etabliert, aber auch ein GIF-Format ist möglich.

Das Märchen von der Privatsphäre am Arbeitsplatz

E-Mails, die Sie während der Arbeit verschicken, sind nicht geheim. Um mitlesen zu können, braucht der Chef nur einen Tastendruck und schon bröckelt die vermeintliche Privatsphäre am Arbeitsplatz. Laut Urteil des Bundesarbeitsgerichts in Erfurt aus dem Jahr 2010 darf der Arbeitgeber durchaus ein Protokoll aller E-Mails drucken und lesen, wenn die Mitarbeiter wegen Krankheit, Dienstreise oder Fehlzeiten ihre Mails nicht abrufen können. Sollte ein striktes Verbot zum Versenden privater E-Mails während der Arbeitszeit herrschen, riskieren Sie sogar eine Abmahnung und vielleicht eine Kündigung. Generell gilt: Datenschutzbestimmungen in diesem Bereich werden verdeckt oder offen gerne elastisch gesehen. Deshalb:

→ Eine E-Mail ist kein Thekengespräch.
→ Späße sind in Business-Texten tabu.
→ Bedenken Sie immer: Ihre E-Mail ist ein Dokument, für dessen Inhalt Sie verantwortlich sind.
→ Mit privaten E-Mails am Arbeitsplatz gefährden Sie Ihren Ruf und vielleicht sogar Ihren Job.

Auf der sicheren Seite sind Sie, wenn Sie keine privaten Plauder-Mails versenden. Denn damit ziehen Sie die Konzentration von Ihrem Arbeitsthema ab und verschwenden Zeit. Mehr über Stolperfallen und Zeitfressern erfahren Sie im Kapitel „Schreibblockaden und Selbstmotivation".

Social Media: präsent auf allen Kanälen

Fast jedes zweite Unternehmen in Deutschland ergänzt sein Kommunikationskonzept um den Bereich Social Media. Um genau zu sein: 47 Prozent drehen laut Bitkom an jenem Schräubchen im System, von dem sie sich Aufmerksamkeit erhoffen. Gefragt nach den Gründen für das Texten auf allen Kanälen nennen die Verantwortlichen dreierlei:

1. Sie wollen das Image verbessern.
2. Sie wollen die Bekanntheit erhöhen.
3. Sie wollen Kunden gewinnen und halten.

Zudem hoffen Unternehmen auf

→ eine punktgenaue Mitarbeiterakquise,
→ eine beständige Markenpräsenz,
→ einen sichtbaren USP, also ein Alleinstellungsmerkmal, sowie
→ die öffentliche Wahrnehmung als Arbeitgeber im besten Sinne der Corporate Governance.

Ich finde, die Ansprüche sind hoch in den Netzwerken der einhundert und mehr Möglichkeiten wie Xing, Facebook, Google+, Twitter und WhatsApp, in Foren, Blogs und Portalen. Aber: Hält Social Media, was es verspricht? Ja. Wenn Ihnen der Mix aus klassischer PR und digitaler Moderne gelingt, treffen Sie mit Ihrer Kommunikation den Nerv der Zeit. Dabei unterscheiden Online-Experten zwischen zwei Kommunikationsabsichten: Entweder steht das Bedürfnis des Unternehmens im Fokus oder das des Users. Dieser kleine, aber feine Unterschied ist bedeutend für die Textstruktur, die Breite und Tiefe der Information sowie vor allem für den Ton im Text.

Auf Dauer wird kein Unternehmen an Social Media vorbeikommen. Wer heute schon mitmischt, zeigt sich als modernes Unternehmen. Social Media sollte ein Modul Ihrer Kommunikationsstrategie sein. Legen Sie dabei Wert auf Authentizität und spiegeln Sie Ihr Image als internetaffines Unternehmen, das es versteht, mit kurzen Beiträgen zu punkten.

Sie bestimmen, was Sie kommunizieren

Sie beleuchten die Kultur Ihres Unternehmens, seine Werte und Leistungen. Ihr Leitbild und Ihre Inhalte stehen im Mittelpunkt. Auch im Internet gibt es verschiedene Ansatzpunkte für die Selbstdarstellung.

→ Auf Ihrer Website informieren sich die Kunden und wenn Sie dort inspirierende Texte finden, tauchen sie gerne ein in Ihr Unternehmen. Das geschieht umso mehr, wenn Sie Videos integrieren oder Links zu Ihren Streams auf Youtube herstellen. Ein Imagefilm oder eine Galerie ergänzen Ihre Unternehmensdarstellung sinnvoll, denn Sie wissen: Bilder wirken stärker als Worte.

→ Im Corporate Blog berichten Sie über Unternehmensentwicklungen, geben Inputs für Diskussionen oder bieten Lösungen für Probleme. An der Sprache kann Ihr Kunde erkennen, ob Ihnen Traditionen wichtig sind, ob Sie viel Wert auf Ihre Innovationen legen oder wer zu Ihrer Zielgruppe gehört. Das Corporate Wording bleibt erkennbar und unterstreicht Ihre unternehmerische Identität. Sie sprechen über Ihre Mission und Ihre Leitsätze, dabei beeindrucken Sie Ihre Leser durch Ihr Branchenwissen.

→ In PR-Portalen veröffentlichen Sie Ihre Pressemitteilungen, die aktuell und für Ihr Unternehmen relevant sind. Die Merkmale von Pressetexten finden Sie in dem Kapitel „Pressetexte: was Journalisten wollen". Aber bitte bedenken Sie, dass auch Kunden und Konkurrenten in PR-Portalen mitlesen.

→ Auf Jobplattformen veröffentlichen Sie Ihr Profil als Arbeitgeber, um die Mitarbeiter anzulocken, die Sie sich im Team wünschen. Fügen Sie der Stellenbeschreibung Ihr Unternehmensprofil hinzu. Was leitet Sie? Was leisten Sie? Wofür stehen Sie? Wecken Sie die Sehnsucht der Jobsuchenden, für Ihr Unternehmen zu arbeiten.

Soweit die Möglichkeiten, das Unternehmen zunächst einmal nur zu präsentieren. Doch ich möchte das Augenmerk in diesem Kapitel auf den zweiten Aspekt richten, auf das Texten in sozialen Netzwerken wie Xing, Facebook, Google+ und anderen: Hier schreiben Sie, was der User lesen will. Sie kennen seine Bedürfnisse und seinen Wunsch nach Information jenseits des Mainstreams. In den sozialen Netzwerken zeigen Sie Ihr Gespür für Trends. Sie öffnen Ihr Ohr für die Fragen zwischen den Zeilen und liefern, was den User überrascht, beeindruckt – und zwar in einem persönlichen Ton. Ihr Text hat nur ein Ziel: dem Kunden nah zu sein. Sie suchen den Dialog.

Neun Merkmale für Texte in sozialen Netzwerken

Doch bevor ein Dialog entsteht, muss ein Anknüpfungspunkt her. Lesen Sie also zunächst, was gute Texte für die sozialen Netzwerke ausmacht.

→ Sie sind keine Werbetexte und frei von Slogans. Sie bieten einen Mehrwert durch Tipps, Kommentare, Meinungen und Links.

→ Sie haben eine klare Botschaft. Zudem bewirken Sie den Brennglaseffekt: einmal hingesehen und schon erfasst.

→ Sie richten sich nach den Bedürfnissen der User und entsprechen stilistisch ihrem Geschmack.

→ Sie setzen auf Dialog: Antwort dringend erwünscht.

→ Sie sind aktuell und schwimmen im Trend und lassen dennoch Leistung, Lösung und USP des Unternehmens erkennen.

→ Bestenfalls setzen diese kleinen Texte Trends. Soziale Netzwerke sind keine Plattform für didaktische Theorien, für Thesen und Antithesen. Das bringt die Leser zum Gähnen und Weiterklicken.

→ Sie ermöglichen eine Win-win-Situation und sind eher umarmend als abweisend.

→ Sie äußern sich nicht negativ über andere Beiträge, sondern stimmen zu oder widersprechen in einer respektvollen Weise.

→ Sie beachten den Verhaltenskodex in den Netzwerken.

Distanz bei aller Freundschaft

Das Wesen des Web 2.0 ist Interaktivität. Also tauschen Sie sich aus mit Ihren Lesern. Teilen Sie Ihre Gedanken und Meinungen mit. Verbreiten Sie Links zu Whitelists, also zu hochwertigen Inhalten und Expertenwissen zu Ihrer Kernkompetenz, Newslettern, Filmen und Audio-Angeboten. Widersprechen Sie. Aber immer mit der gebotenen Distanz. Die geht in den sozialen Netzwerken leicht verloren, weil sich Schreiber und Leser wie zu einem Gespräch finden. Darin liegt eine Gefahr: Sie betreten einen virtuellen Raum, in dem

Sie nur eine Momentaufnahme versenden und viele Aspekte einer wahrhaftigen Begegnung fehlen.

Kurze Text setzen Impulse und überlassen dann den Leser seiner Phantasie. Sie sind Nährboden für Interpretationen und Stolpersteine. Vielleicht taucht ein falsches Wort über das Unternehmen des anderen auf, ein Du statt ein Sie, eine Ironie, die nicht aufgeklärt und missverstanden wird. Was für den einen pfiffig klingt, ist für den anderen nicht akzeptabel. Die Toleranzgrenzen sind unterschiedlich und das sollten Sie beim Texten bedenken. Bleiben Sie besser einen Tick zu seicht, eine Spur zu höflich. Und bedenken Sie: Schnell können Inhalte kopiert, weitergeleitet, kommentiert und aus dem Zusammenhang gerissen werden.

Lesen Ihre Texte mehrmals, bevor Sie auf „Versenden" drücken. Fragen Sie sich:

→ Welche Inhalt könnten schlimmstenfalls gegen mich verwenden werden?
→ Auch in den Netzwerken tummelt sich die Konkurrenz. Der Ideenklau ist gewaltig.
→ Können die Inhalte kopiert und weitergeleitet werden, ohne dass Sie mir oder meinem Unternehmen schaden?
→ Zu schnell kann eine Empörung über einen kleinen Beitrag Wellen schlagen, deren Wirkung Sie nicht vermuten. Ein Shitstorm zwang schon so manchen in die Knie.
→ Achten Sie auf den Schutz Ihres Unternehmens, Ihrer Mitarbeiter und darauf, ob die Mitarbeiter im Sinne des Unternehmens agieren.
→ Die Diskussion zum mangelnden Datenschutz in Facebook hat viele Unternehmen verunsichert. Überlegen Sie deshalb, ob ein Text Ihr Profil schärft oder zu Interpretationen verführt.

Social Media sollte zu Ihrer Kommunikationsstrategie zählen, denn es ist ein erfolgsversprechendes Modul, und zwar zum Nulltarif. Mischen Sie mit, aber nicht ohne eine gesunde Portion Skepsis. Richtig eingesetzt kann Social Media über Nacht Ihre Bekanntheit steigern, so wie es Robert Ley geschah. Gerne erzähle ich Ihnen diese Geschichte. Sie trug sich zu wie Tausende andere. Und dennoch bringt sie uns zum Staunen.

Einer von uns

Kein Literaturagent, kein Verlag beachtet die Buchidee von Robert Ley. „Das Leben ist zu kurz zum Jammern" lautet der Titel und das Exposé versandte er unzählige Male. Doch niemand verlangte eine Leseprobe. Niemand jubelte: „Ja, darauf haben Buchhändler und Leser gewartet!" Antworten bekam er höchstens via E-Mail und ohne Signatur: „Leider müssen wir Ihnen mitteilen, dass Ihr Buch nicht in unser Programm passt. Wir bitten, von weiteren Schreiben oder Anrufen abzusehen, und wünschen Ihnen viel Erfolg. Mit freundlichen Grüßen …"

Solche Sätze drücken nieder. Zunächst. Dann machen sie wütend: „Haben die das Manuskript überhaupt gelesen?" Robert empört sich stets aufs Neue. Dabei weiß er genau: Mit diesem Buch würde er den Zeitgeist treffen. Wieso merkt das niemand? Während er über Ignoranz und fehlende Chancen sinniert, durchfährt ihn plötzlich ein Blitz. Robert ist hellwach und eine Idee hat ihn gepackt: Er will sein Buch im Alleingang veröffentlichen.

Er schreibt 60 Tage und fast so viele Nächte an seinem Manuskript, schleift es, bis es funkelt. Er liest, korrigiert und sucht Testleser. Deren Urteil ist eindeutig: Bring dein Buch auf den Markt, egal was es kostet. Es kostet nicht viel, lediglich den Mut, im Selbstverlag zu publizieren. Ohne Backup. Ohne gemeinsame Verantwortung mit Profis auf dem überfluteten Buchmarkt.

Aber Robert Ley hat als Lebenskünstler schon längst eine Lösung parat: Er setzt auf Empfehlungen, auf virale PR im Netz. Dazu nimmt er Kontakt mit den einflussreichsten Bloggern auf, postet kleine Appetizer aus dem Inhalt in soziale Netzwerke, nutzt Twitter, WhatsApp und die profane SMS. Er sucht den Schulterschluss mit potenziellen Lesern und siehe da: Zwei der bekanntesten Blogger empfehlen sein Buch. Auf einen Schlag erhalten zweihunderttausend Menschen diesen Tipp. Die wiederum leiten die Empfehlung weiter, die sich wie ein Lauffeuer verbreitet: ein Buch gegen das Jammern, für ein glückliches Lebensgefühl. Eine Anleitung zum erfüllten Leben jenseits von Bildungskatastrophe, Hartz IV, Gewalt und Krisen. Radiosender und TV-Talkrunden werden aufmerksam, bitten um Interviews und auf einmal ist das Thema ein politisches, ein unternehmerisches, ein gesellschaftliches. Robert verfeinert sein Image als Aussteiger und Auf-

steiger, als Individualist mit einem großen Repertoire an Ratschlägen. Als einer von denen im Netz, einer aus der jungen Generation mit Ideen und Weitsicht und ohne Bock auf Frust.

Ein renommierter Verlag will die Rechte am Buch, rührt die Werbetrommel. Innerhalb eines Jahres erscheint sein Buch in der zweiten Auflage, es wird in mehrere Sprachen übersetzt und verkauft sich drei Millionen Mal. Unwahrscheinlich? Ohne die sozialen Netzwerke, ohne die Empfehlung unter Gleichgesinnten: Ja.

Die Macht der Kunden

Soziale Netzwerke eignen sich für das Empfehlungsmarketing. Einmal ausgesprochen ist hier ein Qualitäts- oder Kaufhinweis eine Anregung zum Handeln. Wenn eine Freundin Ihnen von einem guten Buch erzählt, das sie gerade liest und zu Tränen rührt, dann werden Sie aufmerksam, oder? Sie hören hin, blättern bei Gelegenheit darin oder sehen sich die Kommentare auf Amazon und Co. an. Suchen Sie gerade eine Lektüre, dann kaufen Sie es. Eine Werbeanzeige hingegen, egal wie groß und teuer, wird diesen Effekt nicht annähernd erreichen. Denn Sie wissen: Hier schielen Profis nach Ihrem Geldbeutel.

Die Kunst, mit wenigen Worten viel zu erreichen

Das Ziel Ihrer Online-Kommunikation kann nur lauten: „Kunden folgen, schätzen und empfehlen uns im Social Web." Doch das passiert nicht einfach so. Gefordert sind Kraft für viele kleine Sprints und ein langer Atem für eine Dauerpräsenz. Stellen Sie sich in Ihren sozialen Netzwerken mit authentischen Texten dar, die keine Werbung enthalten, die einen Mehrwert bieten durch Links, Ratschläge und Lösungen, durch aktuelle Themen im Kleinformat.

Bevor Sie Ihre Texte schreiben und in die Welt versenden, sollten Sie die folgenden Fragen klären:

Welche Art von Social Media passt zu Ihren Themen?

Nach meiner Einschätzung sind für Unternehmen fünf Bereiche interessant:

→ Soziale Netzwerke
→ Mikroblogs und SMS
→ Presse- und Nachrichtenportale
→ Professionelle Blogs und Corporate Blogs
→ Plattformen und Foren für Wort, Bild und Video

Was wollen Sie mit Ihrem Text, Ihren Bildern erreichen?

Sie suchen neue Mitarbeiter? Ihr Ziel ist es, ein Interview zu veröffentlichen oder einen Imagefilm zu zeigen? Sie wollen sich in einer Community wohlfühlen oder als Experte darstellen? Sie möchten Beiträge anderer bewerten, Kommentare versenden oder Ratschläge geben? Machen Sie sich Notizen zur Zielgruppe, umkreisen Sie deren Bedürfnisse, ahnen Sie voraus, was die Leser erwarten.

Wie formulieren Sie die Botschaft?

In Social Media steht das Bedürfnis des Users im Vordergrund. Entscheidend ist, ob er von Ihnen eine One-to-one-Antwort oder eine One-to-many-Kommunikation erwartet. Bevor Sie reagieren, überlegen Sie, ob Sie plaudern wollen oder polarisieren. Alles ist möglich, aber nicht alles richtig. So sollten Sie überlegen, welchen Nachgeschmack Ihre Worte beim User hinterlassen. Schnelle Veröffentlichungen, unreflektiert und launig, kommen beim Leser oft nicht gut an. Bedenken Sie: Jedes Wort schreiben Sie im Namen des Unternehmens.

Wie erfolgt ein Monitoring und somit eine Erfolgsanalyse?

Ihre Kommunikation ist erst optimal, wenn Sie einen ganz bestimmten Aspekt berücksichtig: Nachhaltigkeit. Das gilt für die klassischen Instrumente wie Pressemitteilung, Mitarbeitermagazin und Geschäftsbericht ebenso wie für die modernen Möglichkeiten im Netz. Niemals kann hier gelten: Was interessieren mich meine Worte von gestern. Was Sie heute schreiben, wirkt auch morgen noch. Jeder Text beeinflusst das Image. Deshalb wägen Sie ab, sehen Sie das Echo voraus und nach jedem Senden lautet die Aufgabe: Kontrollieren Sie die Wirkung.

Monitoring bedeutet, alle Rückläufe auf Ihren Text zu beobachten und auszuwerten. Große Unternehmen beauftragen Mitarbeiter mit dieser Aufgabe oder wählen einen Dienstleister. Auch kleine Unternehmen sollten sich regelmäßig Zeit nehmen, nach Schlüsselwörtern zu fahnden, um zu erkennen, auf welches Thema welche Community und welche Experten reagieren.

Tipp Der Bundesverband Digitale Wirtschaft hat dieses Thema ganz oben auf seine Agenda gesetzt und aktuell Richtlinien für eine effiziente Erfolgskontrolle erstellt. Sie können als kostenfreies Dokument unter www.bvdw.org heruntergeladen werden.

Texten im Netz oder Kommunikation mit fremden Freunden

Der Textstil in den sozialen Netzwerken kommt leicht daher. Er ist persönlich, ähnelt eher der gesprochenen als der geschriebenen Sprache und pointiert dennoch die unternehmerische Professionalität.

Xing, Google+, Facebook: Cliquencharakter auf Businessniveau

Social Networker sind Mitarbeiter der Pressestelle, des Marketings oder Vertriebs in Unternehmen, manchmal tippt der Chef höchstpersönlich. Xing, Facebook und Co. rangieren auf Platz eins, was die Beliebtheit angeht. 86 Prozent der Unternehmen, die Social Media nutzen, sind hier unterwegs. Wenn Sie sich dazu zählen, kennen Sie die Spielregeln und die hohe kommunikative Kompetenz, die nötig ist, um erfolgreich zu sein: Sie können einschätzen, wer zu Ihrem Unternehmen passt. Sie kennen die angemessenen Formen der Ansprache, der Unterhaltung, des Abschieds und wie im richtigen Leben schärft auch hier Verlässlichkeit Ihr Profil. Sie sind beliebt in Ihren Gruppen, weil Sie sich nicht aufplustern, sondern substanzielle Inhalte und Lösungen bieten. Und: Als guter Netzwerker kennen Sie die Szene.

Was aber passiert, wenn jemand um Ihren Kontakt buhlt und Sie den nicht wünschen? Wenn jemand an Ihre virtuelle Unternehmenstür klopft und Sie ihn nicht hereinbitten wollen? Dafür kann es gute Gründe geben: Vielleicht passt er nicht in Ihre Strategie einer Win-win-Mentalität. Vielleicht spüren Sie: Der wird Unruhe in Ihren Freundeskreis bringen. Wie reagieren Sie? Ganz einfach: Erteilen Sie ihm eine Absage. Begründen Sie Ihre Entscheidung und lassen Sie immer ein Hintertürchen offen. Auch im Netz begegnet man sich zweimal:

Lieber Erol Sänger, Danke für Ihre Anfrage. Die Future-Communication pflegt mit ihren Freunden im Netz einen engen Kontakt und setzt dabei immer auf persönliche Begegnungen. Für diese Strategie haben wir uns vor wenigen Jahren entschieden und damit fahren wir gut. Ich bitte Sie um Verständnis, wünsche Ihnen viel Erfolg für die Zukunft und wer weiß: Vielleicht treffen wir uns auf der nächsten Didacta in Köln? Sie sind herzlich zu einem Kaffee am Stand in Halle eins eingeladen. Beste Grüße aus Nürnberg, Rolf Mehring, Future-Communication.

Behalten Sie im Hinterkopf, dass Sie nicht mit jedem reden müssen, sondern wählerisch sein dürfen. Von einer Menschenfängermentalität in Facebook und Co. halte ich nichts. Aber: Eine höfliche Absage gehört immer zum guten Stil.

Textregeln im Netz

→ Interna sind tabu.
→ Die Werte im Unternehmen müssen erkennbar bleiben, auch im sozialen Netzwerk.
→ Schreiben Sie fehlerfrei.
→ Kommunizieren Sie in seriösem Stil. Spiegeln Sie Ihre Marke und Ihre Unternehmensidentität durch Höflichkeit und Verlässlichkeit.
→ Markieren Sie Ihre Leistung und Ihre Alleinstellung in Ihrem Profil. Diese Zeilen sind Ihre Visitenkarte.
→ Antworten Sie zeitnah. In sozialen Netzwerken geschieht das im 48-Stunden-Takt.

→ Teilen Sie Ihre Erfolge mit, aber bitte häppchenweise.

→ Werbephrasen sind hier verpönt. Bleiben Sie authentisch und schreiben Sie so, als würden Sie Kollegen eine Anekdote erzählen oder eine Notiz mit einer Empfehlung auf den Schreibtisch legen.

→ Machen Sie mit beim Sogmarketing, indem Sie auf gute Ergebnisse anderer hinweisen, loben und empfehlen.

→ Bleiben Sie ein Part im Ganzen und stetig präsent. Das schärft Ihr Image als Global Player im Spiel der Netzwerke.

Beispiel

Schreiben Sie nicht: Mit meinem erfolgreichen Unternehmen Risse & Klein habe ich bereits den dritten internationalen Großauftrag generiert. Damit haben wir unser Ziel für das Geschäftsjahr bereits heute überschritten.

Schreiben Sie: Wir freuen uns auf Portugal. Im April starten wir unser Projekt am Mittelmeer und bereiten uns auf eine sonnige Saison vor: www.risse-klein/projektportugal.com.

Mikroblogs wie Twitter, Tumblr & Co: mit wenigen Worten um die Welt

Was Barack Obama einst als wegweisendes Wahlkampfinstrument nutzte, ist heute für Unternehmen hoffähig geworden: Sie twittern. Rund 140 Zeichen reichen aus, um sich via Tweets in der Welt zu zeigen, und diese wenigen Buchstaben erzielen Wirkung – solange sie nutzerorientiert sind. Das heißt im Extremfall: Der Nutzer bestimmt das Thema und die Unternehmen mischen mit oder reagieren darauf. Wie kaum eine andere Branche hat die Automobilindustrie diese Art der Kommunikation für sich entdeckt. Laut einer aktuellen GfK-Studie reichen Satzfragmente zu einem neuen Produkt oder einem Markenerfolg aus, um sich auf diesem Kanal nachhaltig ins Gespräch zu bringen. Die Automobilbranche nutzt dieses Medium vorbildlich, um Neuheiten bekannt zu machen. Mittlere bis kleinere Unternehmen reagieren verhalten. Schade, denn der textliche Aufwand ist gering.

Textregeln für Tweets

→ Senden Sie Argumente und Schlaglichter in Kürze.
→ Demi Moore und Ashton Kutcher twitterten ihre Beziehung und auch deren Ende um die Welt. Für Unternehmen sollte Twitter und Co. kein Fortsetzungsroman sein, sondern ein Medium für Fakten.
→ Richten Sie den Fokus auf nur ein Thema.
→ Geben Sie nur Hinweise, die nutzwertig sind. Dass die Sonne während Ihrer Dienstreise scheint, interessiert Ihre Kontakte nicht.
→ Geben Sie persönliche Tipps, wenn Sie sicher sind: Das kommt an beim Leser, das wird ihm Zeit, Geduld und Recherche ersparen.

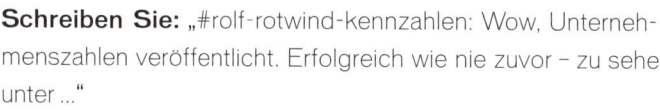

Schreiben Sie nicht: #rolf-rotwind: Die Kennzahlen des Unternehmens steigen aufgrund mehrfach generierter Aufträge.

Schreiben Sie: „#rolf-rotwind-kennzahlen: Wow, Unternehmenszahlen veröffentlicht. Erfolgreich wie nie zuvor – zu sehen unter ..."

Oder schreiben Sie: #risse-klein-Projekt Portugal: Erfolgsmeldung: Grundstein für neue Fertigungshalle gelegt, Bilderdownload für Presse ...

Beispiel

Obama prägte mit jeder Message sein Image, ruhig, überlegen, aber immer mit Gefühl.

SMS oder WhatsApp, Skype und Co.: das Smartphone in der Hand

Angela Merkel liebt es bodenständig, häufig fangen die Kameras ihre SMS-Senderei ein. Das ist heute für Unternehmen längst nicht mehr das Mittel der Wahl in der Kommunikationsstrategie. Heute sind plattformübergreifende Kanäle wie WhatsApp gefragt, um Videos zu senden oder Telefonkonferenzen zu initiieren ähnlich wie über Skype.

Doch wenn Sie sich verspäten, einen Termin verschieben, ein Verhandlungsergebnis mitteilen oder sich im Nachhinein für ein Gespräch oder ein Essen bedanken wollen, ist dieser Kommunikationsweg sehr sinnvoll. Für die

Kapitel 2: Glänzen mit Business-Texten

One-to-one-Kommunikation eignet sich die SMS bestens, verschicken Sie sie aber immer mit Namen oder Signatur.

Textregeln für SMS

➔ Legen Sie den Fokus aufs Thema – ohne Einleitung und Blümchenverzierung.

➔ Großschreibung, Punkt und Komma können Sie gerne ignorieren, aber die Grammatik sollte korrekt sein.

➔ Zum guten Ton zählen die Anrede und ein kurzer Gruß zum Schluss.

Dringend abzuraten ist davon, SMS für Werbung oder Empfehlungsmarketing zu nutzen. Damit erreichen Sie nichts und Ihre Nachricht kommt eher nicht gut an.

WhatsApp oder Skype eignen sich für Kommentare zu einer Messe, das Posten von Videos zur Eröffnung einer Konferenz, den Fachaustausch oder die Telefonkonferenz. Was auch immer Sie auf diesem Kanal senden, beachten Sie auch hier: Sie werden als Unternehmen, nicht als Privatperson wahrgenommen.

Achtung Pressenotiz: Terminverschiebung! Guten Tag, Sie haben sich für die Pressekonferenz der Risse & Klein AG heute, 11.00 Uhr, in unserem Unternehmen angemeldet. Der Termin verschiebt sich um 30 Minuten. Wir bitten um Verständnis. Beste Grüße Ernst Eil, Pressesprecher, Risse & Klein AG, Mobil: 0171.30030058, e.eil@r-k.de

Auch für Skype und Co. gilt: Wählen Sie Ihre Streams und Postings im Sinne Ihrer Markenkultur aus. Zwischen Behördenbrief und Lässigkeit gibt es viele Schattierungen, die zu Ihrem Unternehmen passen, egal wie kurz der Text sein mag. Und falls Sie eine Videokonferenz schalten: Positionieren Sie im Hintergrund Ihr Logo, zeigen Sie Ihr Unternehmen.

PR-Portale: Ihr Service für Journalisten

Sie erreichten im Social Web nicht nur Unternehmen und Kunden, sondern auch Journalisten. Eine Pressestelle, die ihre Botschaft weit streuen möchte, wählt neben dem klassischen Presseverteiler, der aus Redaktionen in Nachrichtenagenturen sowie Print-, TV- und Radioredaktionen besteht, die PR-Portale.

Aus meiner Sicht eignen sich für Unternehmen die folgenden Portale, in denen sie kostenfrei ihre Presse- oder Marketing-Texte veröffentlichen können:

- www.news4press.com
- www.pressebox.de
- www.firmenpresse.de
- www.pr-gateway.de
- www.newsmax.de
- www.perspektive-mittelstand.de

Blog und Corporate Blog: Schreiben mit Expertenstatus

Ob Sie den Gedankenaustausch suchen oder sich als Ideengeber oder Meinungsmacher darstellen wollen, hier bewegen Sie sich unter Gleichgesinnten. Wer hier schreibt, wird inhaltlich wahrgenommen. Deshalb blubbern Sie nicht. Liefern Sie Content. Ansonsten schweigen Sie. Ob Ihr Image verblasst oder strahlt, das liegt ganz bei Ihnen. Werbung ist verpönt und Polarisieren erwünscht. Aber bitte bedenken Sie wieder: Sie schreiben nicht als Privatperson, sondern stehen für das Unternehmen. Journalisten beachten die großen Blogs, ebenso die Konkurrenz. Auf diesen Pages nahm schon so manch wundersame Geschichte ihren Lauf, wie unser Storytelling zeigt, aber ebenso wussten einige nicht, wie tief sie ihren Kopf einziehen sollten, während ein Shitstorm tobte.

Angst vor bösen Worten

Unternehmen, die sich gegen die sozialen Netzwerke entscheiden, geben datenschutzrechtliche Bedenken an oder befürchten, ihre Zielgruppe nicht zu erreichen. Viele verstecken sich auch, weil sie Angst vor einem Imageschaden haben. Das ist nicht unbegründet, der kann durchaus drohen.

Was fällt Ihnen beispielsweise ein, wenn Sie den Namen des Spitzenkandidaten der FDP für die Bundestagswahl 2013 hören? Rainer Brüderle ... da war doch was. Ach ja, das ist der Politiker, der Tanzkarten verteilt, oder? In Minutenschnelle schoss die Nachricht durch die Kanäle und empörten sich Frauen weltweit. Das Image des Herrn Brüderle hat dadurch auf jeden Fall Dellen bekommen.

Interview

Nehmen wir die Angst der Unternehmen vor bösen Worten also ernst und fragen den Autor und Social-Media-Experten **Joachim Rumohr** nach einer Strategie, die die Angst zerschlägt und Mut macht auf moderne Kommunikationsinstrumente.

Wie entsteht der befürchtete Shitstorm und wie kann er beendet werden?
Gefahr droht immer dann, wenn das Unternehmen Unwahrheiten verbreitet und dies bekannt wird. Oder auch, wenn es keine Strategie gibt und auf Anfragen nicht oder erst sehr spät reagiert wird. Das merkt der User immer und das ärgert ihn.
Ein berechtigter Shitstorm kann nur durch schnelle und schonungslose Ehrlichkeit beendet werden. Einen unberechtigten Shitstorm sollte man bestenfalls nicht kommentieren. Dann verlieren die Angreifer schnell die Lust daran.

Welche Plattform empfehlen Sie, um textlich das Image eines Unternehmens zu schärfen?
Nach wie vor ist der Unternehmensblog die beste Lösung, um zentral Informationen zu veröffentlichen. Hier hat das Unternehmen das Hausrecht und Dritte können nicht plötzlich abschalten oder Änderungen an der Darstellung vornehmen.
Zur Verbreitung der Artikel sollte dann vorrangig die Plattform genutzt werden, in der sich die Zielgruppe des Unternehmens aufhält; oder bestenfalls alle gängigen Systeme. Ich schreibe meinen Kunden nicht vor, wo sie mir folgen müssen. Meine News landen in Xing, Google+, Twitter und Facebook.

Was ist der wirkliche Mehrwert für Unternehmen bei Xing, Facebook und Co.?
Es gibt eine ganze Reihe möglicher Mehrwerte, das kommt auf die jeweilige Zielsetzung der Unternehmen an. Stark abhängig ist es aus meiner Sicht von der Ein-
bindung der Mitarbeiter. Einige Unternehmen haben Angst vor Social Media und
versuchen, die Nutzung durch Regelwerke zu verhindern. Andere bilden ihre Mitarbeiter gezielt aus und schreiben Leitfäden. Sie erreichen so beispielsweise eine
stärkere Verbreitung der Unternehmensbotschaften.

Wie oft sollte sich ein Unternehmen präsentieren? Nur wenn es Neuigkeiten gibt
oder aus Gründen der Kundenbindung regelmäßig, gar täglich?
Die Meldungen in den sozialen Netzwerken sollten vor allem einen Nutzwert für
den Leser haben. Zu viele unnötige Nachrichten führen zur Selektion, Wichtiges
wird dann nicht mehr wahrgenommen. Stellen Sie sich vor, jede Meldung in die
sozialen Netzwerke würde fünf Euro kosten. Es gäbe viel mehr wirklich wichtige
Informationen.
Vergleichen wir die Meldungen in Social Media einmal mit den früher oft einge-
setzten Trägern von Werbebotschaften. Diese wurden Sandwich genannt, weil
sie vorn und hinten auf Holzschildern Werbebotschaften durch die Stadt trugen.
Stellen Sie sich vor, es kommen Ihnen davon plötzlich Dutzende der gleichen Fir-
ma entgegen. Die verstopfen die Wege und Sie kommen nicht ungehindert an
diesen Sandwiches vorbei. Das nervt und man will es nicht mehr sehen.

Geschäftsbrief: persönlich, inhaltsreich und immer mit Stil

Briefe sind nicht altmodisch. Sie sind ein Zeichen der Wertschätzung zwischen Absender und Empfänger. Denn: Briefe zu schreiben erfordert Zeit und
persönliche Gedanken. Ein Brief hat eine Botschaft mit Struktur. Seine Sätze
sind wohlformuliert und auf edles Papier gebannt. Und so fügen sich eine
visuelle und eine haptische Note zu einer Gesamtkomposition. Ein Brief liegt
in der Hand, lässt sich falten, glätten, heften. Er setzt einen Kontrapunkt zu
all jenen Texten, die verkürzt und arm an Sprache als SMS oder Tweet durch
die digitale Welt jagen.

Als die Griechen diese Art der Kommunikation für sich entdeckten, tränkten sie Steintafeln in Wachs und ritzten Informationen ein. Die Ägypter bevorzugten das Schreiben auf Papyrus. Und spätestens im 16. Jahrhundert gelangte die Idee vom Versenden der Nachrichten nach Europa. Briefe wurden ein Indiz der Macht: Angehörige des Klerus, Adelige und Stadthalter schrieben sie mit wichtiger Miene. Und rund 300 Jahre später griff auch das Bildungsbürgertum zur Feder, versandte Briefe und fühlte sich dem Adel ein wenig näher. Jene gut betuchten Männer und Frauen waren stetig bestrebt, sich diese Attitüden bei Hofe zu eigen zu machen. Allzu detailreich imitierten sie ihre blaublütigen Vorbilder: Wer als reicher Bürger etwas auf sich hielt, der veranstaltete Kammerkonzerte, Literaturzirkel und liebte es, Depeschen durch die Lande zu senden. Die Postillione hatten zu Beginn des 19. Jahrhunderts alle Hände voll zu tun, um die versiegelten Geheimnisse zu befördern.

Briefe zu schreiben war en vogue. Das merkten auch die Geschäftsleute. Sie begannen, ihre Leistungen schriftlich zu empfehlen, ihren Kunden für Treue und Lob zu danken. Einer, der diese Imagepflege in vorbildlicher Weise verstand, war Carl Bechstein. Als moderner, aufstrebender Geschäftsmann in Berlin, dem Freundschaft und Verbindlichkeit viel bedeuteten, hatte er ein weites Beziehungsnetz geflochten. Er schrieb Briefe und seine Zeilen sind bis heute ein Zeugnis kluger Überlegungen: Zu den Empfängern zählten unter vielen Hans von Bülow, der erster Chefdirigent der Berliner Philharmonie, Franz Liszt und Richard Wagner. Bechstein knüpfte Kontakte bis nach England, Frankreich und Russland. Er empfahl sich als Klavierbauer, als Fachmann und Begleiter. Jeder einzelne Empfänger seiner Briefe wurde ein Botschafter der Marke. Wir nennen das heute Customer-Relationship-Management mit perfekter Zielgruppenansprache. Früher war es eine Verbeugung mit Text.

Der Brief hat die Zeit überdauert und bleibt aktuell. Logo, Farbe, Schrift, Papier, Gliederung, Inhalt und Stil, das alles sagt viel aus über Ihr Unternehmen. Sie spiegeln mit einer einzigen Seite Ihre Corporate Identity und zeigen Ihre Kompetenz. Umso wichtiger ist es, genau hinzusehen, welche Kriterien ein guter Geschäftsbrief erfüllen muss, um gelesen und geschätzt zu werden.

Sechs Merkmale für einen Geschäftsbrief

→ Layout und Schreibweisen richten sich nach DIN 5008, Stand 2011, erhältlich unter www.din.de.
→ Sein Format ist DIN A4.
→ Der Layoutrahmen besteht aus Briefkopf mit Absender und Logo, Betreffzeile, Anrede und Textteil, Gruß und Unterschrift, Hinweis auf Anlagen und Verteiler sowie sämtlichen unternehmensrelevanten Angaben.
→ Ein Geschäftsbrief braucht einen Anlass und hat eine Botschaft.
→ Der Text beantwortet die Frage: Wer hat den Brief, wann und warum geschrieben?
→ Die Tonalität ist freundlich, höflich, sachlich und der Inhalt juristisch korrekt.

Textspiel jenseits der Formate

Blattaufteilung, die Positionen der einzelnen Elemente, Ränder, Schriftgröße, Schreibweise von Währungen, Rechnungszeichen, Abkürzungen, all das regelt die DIN 5008. Da gibt es keinen Platz für kreatives Gestalten. Abweichungen vom Layout verwirren den Leser, zeugen nicht von Professionalität und verstoßen gegen die Norm.

Ein Unternehmen aber will sich nicht in eine Form pressen lassen. Und sicherlich möchten auch Sie einen Spielraum für Kreativität nutzen. Den haben Sie. Denn Sie pointieren Ihre Alleinstellung und Ihren Wiedererkennungswert in Briefen durch Ihr Logo, Ihre Hausschrift, Ihr Papier und Ihren Text.

Ihr Logo: das Zeichen des Unternehmens

Setzen Sie Ihr Logo prominent aufs Blatt. Seine Form, seine Farbe, seine gesamte Anmutung ist leitend für Ihr Corporate Design. Ihr Logo ist unveränderlich. Kein Mitarbeiter darf jemals nur einen Hauch an Form und Farbe verändern und muss stets auf die korrekte Position achten. Diese legen Sie in einem kleinen Handbuch, einem Manual, fest. Darin bestimmen Sie sämtliche Angaben zu Logo, Schriften, Farben und Layout in Ihren Unternehmensmedien. Sie definieren Ihre Bildsprache und geben den Mitarbeitern ein Glossar zu allen Begriffen an die Hand, die für Ihr Unternehmen wichtig sind.

Hausschrift: Buchstaben mit Persönlichkeitswert

Ein Bogen Papier wird durch Buchstaben lebendig. Aber wie sollen die aussehen, damit sie von Ihrer Unternehmenspersönlichkeit erzählen? Wie schaffen Sie es, Ihre Vergangenheit und Gegenwart zu einem Bild zu verschmelzen, Ihre Leistung zu beschreiben, eine Spur in der Branche zu hinterlassen und einen Eindruck bei Ihren Lesern? Seit der Erfindung und Verfeinerung des Buchdrucks durch Johannes Gutenberg vor über 550 Jahren ist die Typologie ein Thema ohne Ende, werden Schriftformen entworfen. Stand anfangs einzig die Reproduzierbarkeit im Vordergrund, so geht es heute darum, Schrift als Design einzusetzen. Am Anfang steht die Frage: Für welche Schriftfamilie entscheiden Sie sich: Antiqua oder Grotesk? Für Buchstaben mit Serifen zur vertikalen oder horizontalen Betonung oder für eine klare, kühle Ausstrahlung?

Zu den beliebten Antiquaschriften zählen zum Beispiel: Times New Roman, **Georgia**, Garamond, Bodoni.

Zu den beliebten Groteskschriften gehören zum Beispiel: Arial, **Futura**, Gill Sans, Optima, **Lucida sans**, Tahoma.

Tipp

Wählen Sie mindestens vier Hausschriften aus:
- Eine Groteskschrift für Überschriften in Magazinen
- Eine Antiquaschrift für Fließtexte
- Eine Groteskschrift für Ihre Online-Darstellungen
- Eine Schrift für Ihre Briefe

Sie brauchen für alle Bereiche diese vier Schnitte:
- Regular
- Kursiv
- Medium
- Bold

So können Sie mit Markierungen arbeiten. Wenn Sie weiter in dieses spannende Thema einsteigen möchten, empfehle ich Ihnen das wunderbare Buch von Ellen Lupton: „Mit Schrift denken – Ein kritischer Ratgeber für Grafiker, Autoren, Lektoren & Studenten" (Angaben hierzu finden Sie im Literaturverzeichnis am Schluss).

• •

Papier: gefühlte Qualität

Kein Hochglanz kann über stumpfe Texte hinwegtäuschen. Für mich steht an erster Stelle wörtliche Wirkung. Dennoch unterstreicht das Papier Ihre Corporate Identity. Wählen Sie ein Naturpapier mit hohem Holzanteil oder ein Papier, das sich anfühlt wie Kaschmir? Mögen Sie die Bögen seidenmatt oder glänzend? Bevorzugen Sie ein Wasserzeichen oder gar ein veredeltes Papier mit Prägung? Das ist eine Frage des Geldes und der Ästhetik. Ein IT-Unternehmen wird kaum handgeschöpfte Bögen wählen und ein Label für Luxustaschen wird sich nicht für ein braunes, unruhiges Papier aus Rinde entscheiden. Auf jeden Fall aber sollten Sie darauf achten, dass Ihr Papier eine hohe Opazität aufweist, das heißt, wenig Licht durchlässt. Auch hebt eine Grammatur von 100 Gramm pro Quadratmeter oder gar mehr Ihren Geschäftsbrief hervor.

• •

Viele Unternehmen legen auf die Hülle eines Briefs wenig Wert. Das finde ich schade, weil beides eine Einheit bildet: Umschlag und Bogen sollten aus einer Serie sein.

• •

Text: ein Bild aus Worten

Beim Texten dürfen Sie spielen, sich mit Wörtern ein Staunen erschreiben. Werfen Sie einen Anker zwischen die Normen, einen Satz, an dem sich der Leser festhält, den er so schnell nicht wieder vergisst. Diesen Satz zu formulieren, ihn zu verstecken und wieder aufblinken zu lassen, das ist die Kunst, Briefe zu schreiben. Diese Kunst der nahen Sprache gilt für alle Sorten von Geschäftsbriefen – vom Produktmailing bis zum Fundraising. Ich ermutige Sie, sich von Baukastensätzen freizumachen und jeden Text neu zu denken.

Bevor ich Ihnen Beispiele, Hinweise und Anregungen gebe, möchte ich einen Zeitsprung machen, sagen wir 230 Jahre zurück. Da standen Liebesbriefe hoch im Kurs. Es gab kein Copy-and-Paste per Mausklick. Jedes Wort war Handarbeit. Jeder Satz entstand in Gedanken an den, der wenig später das Blatt in den Händen halten würde.

Das Gesicht vor Augen

Der Abend senkt sich über Weimar und taucht die Bibliothek des Residenzschlosses in ein sanftes Licht. Charlotte weiß, dass die barocke Fassade in diesem Augenblick leuchtet, als hätte Canaletto sie mit verschwenderischen Pinselstrichen in Gold getaucht. Ein Schimmer der Farbe verliert sich im Saal. Der Tag verabschiedet sich und verlangsamt den Einbruch der Nacht. Ja, sie wird ihm schreiben. Sie wird seine Zeilen beantworten, die von Liebe sprechen, von glühendem Verlangen, dem zu begegnen sie sich nicht gestattet.

Charlotte von Stein öffnet behutsam den kleinen Sekretär an der Wand, streicht über die Intarsien im Rosenholz, folgt mit den Fingern zärtlich dem Schwung der Ornamente. Eine schwarze Locke fällt ihr ins Gesicht, während die Feder über das Büttenpapier dahinfließt: Sie schreibt von ihren Gesprächen mit der Herzogin Anna Amalia, von der Krankheit ihres Mannes, von den Kindern ihrer Schwester und dem Schlittschuhlaufen im Park. Sie sieht das geliebte Gesicht vor sich, dem sie diese Zeilen widmet. Sie spürt, wie der Rhythmus ihres Herzens mit jeder Seite heftiger schlägt, und schließt mit dem Satz: „Lieber Freund, entschuldige meinen langen Brief, für einen kurzen hatte ich keine Zeit."

Johann Wolfgang von Goethe schmunzelt, als er das Ende des Briefes liest. Er zückt die Feder und antwortet, hoffend, sie möge die Seine werden.

Ein Satz für die Ewigkeit

Dieser Satz wird immer wieder und gerne zitiert. Dabei ist er nur eine einzige Antwort auf mehr als 1700 Briefe, die der Dichter an eine bemerkenswerte Frau schrieb.

Sätze können Briefe zu Dauerbrennern machen. Sie allein entscheiden, ob ein Brief berührt oder kaltlässt. Sie allein geben Ihren Briefen eine Bedeutung. Das gilt für Liebesbriefe und für Unternehmensbriefe gleichermaßen. Das Geheimnis lautet: Heben Sie sich ab vom Einheitsbrei der Satzbausteine.

Stellen Sie sich beim Schreiben jedes Briefs Ihren Leser vor, denken Sie sich die Szene aus, wie er den Umschlag öffnet und liest und wie er auf Ihre Worte reagiert. Und erst wenn Sie dieses Bild genau vor Augen haben, dann beginnen Sie, Ihren Brief zu entwerfen und zu schreiben.

Nun könnten Sie einwenden: Prima. Aber da gibt es ein Problem: Ein Liebesbrief ist gefühlvoll – ein Geschäftsbrief nicht. Gefühle lassen sich viel leichter in schöne Worte fassen als reine Fakten. Stimmt. Was zunächst wie ein Paradoxon erscheint, können Sie mit Kreativität und ein wenig Mut in Ihren Unternehmenstexten auflösen. Und das geht folgendermaßen.

Arbeiten Sie nicht mit Bausteinen

Der Leser bemerkt den vorgefertigten Schreibstil. Er erinnert an ein Essen aus der Konserve: immer fad und beige. Ihr Brief landet entweder sofort im Papierkorb oder hinterlässt einen schalen Geschmack.

Beispiel

So nicht

Sehr geehrte Frau von Sandt,
bitte entschuldigen Sie die Verzögerung unserer Antwort. Sie ist bedingt durch die Urlaubszeit. Aber heute nehmen wir Bezug auf Ihr Schreiben vom 8.12.2013 und möchten Ihnen mitteilen, dass wir Ihre Reklamation nicht anerkennen.

Besser

Seit drei Wochen warten Sie auf Antwort, liebe Frau von Sandt,
das ist eindeutig zu lang und dafür entschuldigen wir uns. Auch wir haben die Sommertage genossen und sind nun wieder leistungsstark aus dem Urlaub zurückgekehrt.
Wir haben Ihre Frage geprüft und uns entschieden: Ihre Gründe reichen nicht aus, um eine Reklamation der Handtasche zu rechtfertigen. Das ist schade.

Machen Sie die Betreffzeile zur Schlagzeile

Eine Betreffzeile muss nicht losgelöst stehen, sondern kann einfließen in Anrede und Text.

Eine Betreffzeile ist ein prominenter Platz für Ihren Kernsatz. Also bringen Sie hier Ihren Inhalt auf den Punkt, mit einem Schlaglicht aufs Thema, mit einer Frage oder gar mit einem Appell:

Beispiel

So nicht

Ihr Schreiben vom 15.09.2013/Bestellung Nr. 5553835/Zurzeit keine Lieferung möglich

Besser

Danke schön für Ihre Bestellung. Es dauert nur noch wenige Tage, bis wir Ihre Lampe liefern.

Variieren Sie mit der persönlichen Anrede

Mit Ihrer Begrüßung machen Sie Stimmung. Sie gehen auf Distanz oder laden zur Nähe ein. Sie bringen die Kundenbeziehung voran. Sie setzen ein kleines Zeichen der Wertschätzung, der Sympathie, der Freundschaft. Eine Anrede zählt zur Spielart der brieflichen Kommunikation.

→ „Sehr geehrte Frau von Sandt": Diese Anrede klingt steif. Sie passt eher zu einer Autorität im Finanzamt oder Gericht, aber nicht zu einem Kunden, einem Geschäftspartner und schon gar nicht zu einem Brief an Kollegen.

→ „Guten Tag, Herr Meierbach": Sie eröffnen Ihren Text mit einer freundlichen Note. Sie werden nicht zu nah kommen, halten eine höfliche Distanz und hinterlassen dennoch einen verbindlichen Eindruck.

→ „Hallo Herr Franzen": Auch diese lässige Anrede ist erlaubt, aber nur, wenn Sie den Empfänger kennen, das Thema neutral ist und Sie keine Forderungen, keine Entschuldigungen, keine Mahnung aussprechen müssen. Ein Hallo ist unter Kollegen üblich, in der jungen Kreativ- oder IT-Branche ebenso, aber sie passt nicht zu einem Markenunternehmen, zu mittleren und großen Unternehmen mit Tradition.

→ „Liebe Frau Weinbach": Schön, wenn Sie diese wertschätzende und nahe Anrede nutzen dürfen. Es zeigt, dass die Beziehung funktioniert. Sie eignet sich, sobald eine persönliche Begegnung vorausgegangen ist und ein enger schriftlicher Kontakt besteht.

Fächern Sie Ihren Inhalt sympathisch auf

Das Behördendeutsch aus Bismarck'schen Tagen ist passé. Wir brauchen diese gestelzten Obrigkeitsfloskeln nicht mehr. Die Sprache hat sich gewandelt, sie lebt mit der Zeit und ändert sich mit den Generationen. Heute hat sie den Anspruch, Menschen schriftlich die Hand zu schütteln – ohne Appell und Diktat. Sprache ist freier geworden. Zum Glück. Ich weiß, dass viele Briefe juristisch korrekt sein müssen. In Geschäftsbriefen geht es nicht um nette Worte, sondern um Fakten und deren einwandfreie Erklärungen. Vor diesem Dilemma stehen viele Unternehmen. Aber ich finde, wer sich hinter Behördendeutsch und altmodischen Redewendungen versteckt, der verpasst ganz einfach die Chance, seine Leser mitzunehmen.

Die Deutsche Rentenversicherung gilt als beispielhaft in ihrer Kommunikation. Als sie sich 2005 neu aufstellte, gab sie sich nicht nur ein neues Erscheinungsbild, sondern legte auch einen Schwerpunkt auf die Sprache und Tonalität in ihren Broschüren, Briefen und Bescheiden. Sprachexperten, Öffentlichkeitsarbeiter und Rentenfachleute entwickelten einen Leitfaden, eine „Empfehlung für verständliche und freundliche Schreiben der Deutschen Rentenversicherung".

Sie schulte und informierte. Sie begleitete, denn sie wusste: Mitarbeiter, die den Wert eines Corporate Designs erkennen, die die Unternehmenskultur verstehen, die die Werte nicht nur auswendig lernen, sondern auch leben, die sind die besten Botschafter für ein Unternehmen. Umfragen unter Rentnern und Versicherten belegen den Erfolg: Die neuen Schreiben bekamen sehr gute Noten. Vielleicht stellen sich die Mitarbeiter den Rentner, die Rentnerin vor und denken an die Gefühle, die ihr Bescheid auslösen mag.

Seither folgt jedes Schreiben den Empfehlungen der Arbeitsgruppe:

→ Verständlich schreiben
→ Höflich und serviceorientiert formulieren
→ Eine geschlechtsneutrale Sprache wählen

Denken Sie also an Ihren Leser, begegnen Sie ihm persönlich in Ihren Zeilen. Machen Sie ihm das Lesen und Verstehen leicht. Und wenn Sie dazu noch eine Prise Esprit geben, ein wenig jenseits der Baukastenmanier schreiben, einen Kernsatz voranstellen und ihn am Ende noch einmal als Kiss-off aufblinken lassen, dann gewinnen Sie. Zustimmung. Aufmerksamkeit. Oder vielleicht ein Lächeln – so wie Charlotte, als Goethe den Schlusssatz ihres Briefs las.

Winken zum Abschied

Bevor Sie sich mit einem Gruß verabschieden, danken Sie dem Leser für seine Zeit, sein Verständnis oder seine Geduld. Versprechen Sie ihm, dass Sie sich um ihn bemühen und seine Fragen beantworten werden. Geben Sie ihm ein Zeichen, dass er Ihnen wichtig bleibt. Denken Sie dabei an die Marketingformel, frei nach Pareto, dem italienischen Ökonom: Es kostet Sie nur 20 Prozent Ihrer Energie, Kunden zu halten, aber 80 Prozent, neue zu gewinnen.

Ist es uns gelungen, Ihre Fragen zu beantworten? Das hoffen wir. Ansonsten rufen Sie mich bitte an. Sie erreichen mich in der Regel von 9.00 Uhr bis 18.00 Uhr unter der Durchwahl 0228 49596-001.
Mit besten Grüßen

Die gängigen Grußformeln am Ende von Geschäftsbriefen lauten:

→ Mit besten Grüßen
→ Beste Grüße
→ Freundliche Grüße

Oder aber Sie wählen eine andere Wendung, wenn Sie den Leser persönlich kennen:

→ Sonnige Grüße
→ Winterliche Grüße
→ Weihnachtsgrüße

→ Sommergrüße
→ Herzliche Grüße aus Berlin

Dos und Dont's für einen guten Sprachstil in Briefen

Einen guten Geschäftsbrief zu schreiben ist kein Hexenwerk. Mit wenigen Regeln und dem passenden Gefühl für den Leser wird es Ihnen gelingen.

Dos	Don'ts
Geben Sie Ihrem Text eine Struktur: Betreff, Anrede, Einstieg, Hauptteil, Schlussteil, Gruß	Springen Sie nicht hin und her. Rollen Sie Ihr Thema in logischer Reihenfolge auf. Beginnen Sie mit Ihrer These, Ihrem Anlass und dann begründen Sie Ihr Handeln und Verhalten in einem höflichen Stil.
Ein Brief ist persönlich. Sprechen Sie den Empfänger an, geben Sie ihm immer den Eindruck: Dieser Brief ist nur für ihn geschrieben und nicht in Serie für jedermann.	Niemand will austauschbar sein. Ihr Leser nimmt sich Zeit, den Brief zu öffnen, auseinanderzufalten, zu lesen und vielleicht sogar abzuheften. Geben Sie ihm unbedingt das Gefühl, dass Sie beim Schreiben an ihn und nur ihn gedacht haben.
Der Ton macht den Text. Das gilt für jede Begegnung, für jede Kommunikation, auch für den Brief. Schreiben Sie wertschätzend, freundlich, schaffen Sie durch Ihren Schreibstil eine gute Atmosphäre.	Vermeiden Sie Ironie. Nicht jeder wird sie verstehen und richtig deuten.
Schreiben Sie leserfreundlich. Gliedern Sie lange Texte durch Zwischenüberschriften.	Vermeiden Sie Bleiwüsten. Das schreckt den Leser ab. Servieren Sie Ihren Text häppchenweise in Absätzen.
Verwenden Sie Verben. Die bringen Leben in Ihren Text und zeigen, wie aktiv Sie sind. *Gerne senden wir Ihnen die Broschüre.*	Substantivformen sind schwerfällig. So soll der Leser Sie keinesfalls wahrnehmen. *Wir stellen Ihnen hiermit die Broschüre zur Verfügung.*
Formulieren Sie im Aktiv. Das bringt Schwung in den Text, drückt Bewegung aus. Das Aktiv ist die Tätigkeitsform der deutschen Grammatik. Sie agieren: *Wir sind überrascht. Noch nie riss der Schulterriemen unserer Ledertasche nach dem ersten Tragen. Kein Produkt verlässt unser Haus ohne einen Extremtest. Aber wir versprechen Ihnen: Wir prüfen Ihre Tasche, untersuchen die Naht und forschen nach den Gründen.*	Passiv ist die Leidensform in der deutschen Grammatik. Sie wirkt schwer und in Kombination mit dem Genitiv umständlich. Sie vermittelt Stillstand: *Die Gründe Ihrer Reklamation sind von uns geprüft und für nicht ausreichend empfunden worden.*

Schreiben Sie Klartext. *Ich danke Ihnen für das Gespräch, wenngleich noch einige Fragen offen sind. Vereinbaren wir einen nächsten Termin?*	Verstecken Sie sich nicht hinter möchten, wollen, können. *Ich möchte mich für das Gespräch bedanken und würde gerne nachfragen, ob wir uns noch einmal zusammensetzen könnten, um Weiteres zu besprechen.*
Komponieren Sie eine Textmelodie aus langen und kurzen Sätzen.	Bei Schachtelsätzen verliert Ihr Leser den roten Faden. Bei dauerhaft kurzen Sätzen langweilt er sich.
Verwenden Sie Begriffe immer gleich. Es geht einzig um Verständnis und Lesernähe.	Verzichten Sie auf wechselnde Begrifflichkeiten für ein und dieselbe Sache. Das zeigt zwar Ihre Sprachphantasie, aber das verwirrt den Leser.
Verwenden Sie das kleine Zauberwort „bitte". Damit zeigen Sie Ihre gute Kinderstube: *Bitte überweisen Sie den Betrag von 123,00 Euro bis zum 24.10.2013 auf das unten genannte Konto.*	Sie verlieren langsam die Geduld. Ihre Kunde zahlt nicht, er reklamiert ständig, er vergisst den Termin. Wie ärgerlich. Schimpfen Sie, fluchen Sie, verlassen Sie das Büro, um eine Tasse Kaffee zu trinken. Machen Sie sich Luft. Und dann erst schreiben Sie mit ruhigem Atem. Denn nachweislich schimmert durch die Zeile auch die Laune.
Geben Sie Ihrem Geschäftsbrief einen Feinschliff. **Schritt 1:** Ist die Gliederung logisch und zeigt der Text einen roten Faden? **Schritt 2:** Schreiben Sie in einer höflichen und wertschätzenden Tonart? **Schritt 3:** Können Sie noch Fremdwörter vermeiden, Abkürzungen ausschreiben, Passivkonstruktionen umwandeln und Verben ersetzen? **Schritt 4:** Ist Ihr Text nach den Regeln der deutschen Rechtschreibung fehlerfrei und grammatikalisch perfekt?	Verzichten Sie auf Füllwörter, Werbefloskeln, Wiederholungen und Plattitüden ohne inhaltliche Relevanz. Vermeiden Sie zudem Abkürzungen, das macht einen gehetzten Eindruck. Schreiben Sie so, als würden Sie mit Ihrem Leser eine Tasse Kaffee trinken und ihm Ihre gesamte Aufmerksamkeit widmen.

Ein Beispiel für einen Geschäftsbrief finden Sie auf der folgenden Seite.

RaumZeichen
Text und Buch

RaumZeichen · Gabriele Borgmann· Pacelliallee 15 · 14195 Berlin

Verlag Impuls & Inspiration
Leitung Sachbuch
Rosemarie Erlenbach
Kettlerweg 5

53140 Bonn

4. Mai 2013

ZAUBER EINES ANFANGS
(Betreffzeile als Schlagzeile)

Guten Tag, Frau Erlenbach,
(freundliche und persönliche Ansprache)

erinnern Sie sich an unser Telefongespräch vor drei Wochen? Ich rief Sie an, um Ihnen von meiner
Buchidee zu erzählen. Sie hörten zu, ließen sich begeistern und waren gespannt auf 200 Seiten. Hier
sind sie. Mit ein wenig Stolz überreiche ich Ihnen heute das Manuskript.
(Brennglas auf den Inhalt. Was ist der Anlass für den Brief?)

In meiner Geschichte macht sich die junge Eleen auf, die Welt zu umfliegen. 10.000 Kilometer und
ein Jahr später blickt sie zurück auf sieben Kontinente und auf wunderbare Momente, die eines
gemeinsam haben: den Zauber des Anfangs.

Mein Buch erzählt jenseits der großen Politik und Herausforderungen von den leisen Augenblicken.
Es gibt sie überall auf der Welt. Und manchmal drücken sie mehr aus als große Gesten, können ein
Beginn für Freundschaft und Glück sein. Die Schreibstimme ist gefühlvoll, versteht es, in Nuancen
Bilder zu zeichnen und den Leser mitzunehmen nach der Manier „Show – don't tell".
(Das Thema auffächern und den roten Faden behalten)

Aber: Bitte lesen Sie selbst. Ich bin gespannt auf Ihr Feedback. Ich danke Ihnen für Ihre Begleitung
und für Ihre aufmunternden Worte bis hierher.

Mit herzlichen Grüßen
(Schlusssatz mit Dank und Gruß)

Gabriele Borgmann

Gabriele Borgmann · Pacelliallee 15 · 14195 Berlin · Telefon 030.844169-64 · Fax 030.844169-65
info@raum-zeichen.de · www.raum-zeichen.de

Pressetexte: was Journalisten wollen

Sie möchten, dass die Medien über Ihr Unternehmen berichten? Dann schreiben Sie eine Pressemitteilung nach journalistischer Manier. Formulieren Sie eine Botschaft, die aktuell, wahr und relevant ist. Dann stehen die Chancen gut, dass Ihr Text in der Spalte der Zeitung und nicht im Papierkorb unter dem Redaktionstisch landet.

Sieben Merkmale von Pressetexten

→ Pressetexte erscheinen auf einem extra Bogen, der deutlich mit dem Wort *Presse* oder *Medien* gekennzeichnet ist. Sie erscheinen nie auf dem Geschäftsbriefbogen.

→ Pressetexte sind immer mit Datum, Ort und laufender Jahresnummer versehen: Berlin, 25.10.2013; 08/2013 (für 8. Pressemitteilung im Jahr 2013).

→ Unter dem Pressetext stehen die Kontaktdaten des Unternehmens und Ansprechpartner für die Medien mit Namen und Funktion.

→ Pressetexte pointieren eine Unternehmensbotschaft mit einer Headline, führen mit einem Teaser in den Text ein und fächern das Thema in mehrere Absätze auf.

→ Pressetexte passen vornehmlich auf die Vorder- und Rückseite eines DIN-A4-Blattes. Für Online-Medien gilt: Sie umfassen nicht mehr als 4000 Zeichen.

→ Pressetexte zeichnen sich durch einen journalistischen Stil aus. Sie verzichten auf Werbephrasen, Schachtelsätze, Behördensprache sowie weitgehend auf Adjektive und Fachausdrücke.

→ Pressetexte sind nach dem Pyramidenprinzip aufgebaut, das Wichtigste steht ganz oben.

Nehmen Sie sich Zeit für das Formulieren Ihrer Meldung, für die Struktur im Text und für die Tonalität. Pressetexte schreiben Sie nicht schnell nebenher.

PR hat zwei Seiten

Ein Medienbeitrag über Ihr Unternehmen wirkt glaubwürdig und in der Regel erreichen Sie darüber mehr Menschen als mit einer Werbeanzeige. Redaktionelle Texte werden nachweislich eher gelesen und in den Köpfen gespeichert als Werbeanzeigen, weil sie Inhalte beschreiben, Themen beleuchten, weil sie näher dran sind am Zeitgeist. Außerdem sind sie preiswerter: Zeitungsberichte kosten kein Geld, sie erfordern lediglich Know-how. Leider nutzen kleine Unternehmen diese Form der Kommunikation zu selten. Wenn ich in meinem Seminar zu Business-Texten nachfrage, warum die Pressearbeit im Businessplan fehlt, höre ich Einwände wie: „Die drucken unsere Meldung doch nicht." Oder: „Das kann uns entgleiten." Oder: „Wir haben Angst vor einer negativen Berichterstattung." Ja, das alles kann passieren. Aber zum Glück gibt es die Freiheit der Presse und den Interpretationsspielraum der Redakteure. Deshalb gänzlich vor dem Kommunikationskanal Medien zurückzuschrecken, finde ich jedoch falsch.

Erfolgreiche PR hat zwei Seiten: die Pressearbeit und die Werbung. Zwar führen Agenturen gerne das Zitat des amerikanischen Großindustriellen Henry Ford an, der sagte: „Wenn Sie einen Dollar in Ihr Unternehmen stecken wollen, so müssen Sie einen zweiten bereithalten, um das bekanntzugeben." Aber genauso gilt der Satz des Schriftstellers und Journalisten Peter de Mendelssohn: „Die Tagespresse schafft nichts Neues, aber sie bringt es an den Tag." Helfen Sie mit, Ihre Leistung sichtbar zu machen und somit Ihr Image zu schärfen – bevor Sie mit teuren Werbekampagnen und Hochglanzbroschüre beeindrucken.

Wer das Einmaleins der Pressearbeit kennt, der stellt sein Unternehmen in ein helles Licht. Aber Vorsicht: Pressearbeit setzt Know-how voraus, wie die folgende Geschichte zeigt.

Machen Sie mal schnell

Sylvia Rosenthal arbeitet seit zwei Jahren als Assistentin der Geschäftsführung bei der Reborn-Gruppe in München. Das Familienunternehmen stellt hochwertige Bilderrahmen her, legt Wert auf Handarbeit und positioniert sich fernab von Billigprodukten aus China, die zurzeit in allen

Farben und Größen an Galeriewänden hängen. „Wie gruselig", findet Wilfred Reborn jun. und entscheidet: „Wir müssen in die Offensive gehen. Wir starten eine Kampagne. Wir werden Künstlerstatements veröffentlichen. Wir stellen unsere Wertarbeit in den Mittelpunkt. Mit Schweigen ändert sich nichts. 100.000 Rahmen haben wir entworfen. Das ist eine Erfolgsgeschichte. Darüber reden wir jetzt. Den 100.000sten Rahmen schenken wir dem Museum für Moderne Kunst." Kampfeslustig sieht er seine Mitarbeiter an, zögert einen Moment und wendet sich an seine Assistentin: „Sylvia, schreiben Sie mal schnell eine Pressemitteilung." Die Assistentin hat das noch nie gemacht, aber sie findet die Aufgabe reizvoll. „In welcher Zeitung soll der Text erscheinen?", fragt sie ein wenig unsicher nach. „Egal. In der Nähe. Auf jeden Fall will ich, dass die Galeristen, die Privatsammler und das gesamte Münchener Mäzenatentum erfahren, dass wir, und nur wir, der Kunst einen Rahmen geben, der ausschließlich Made in Germany hergestellt und handgefertigt ist." Sylvia nickt und weiß nicht, wie das funktionieren soll.

„Machen Sie mal schnell", diesen Satz rufen Chefs ihren Mitarbeitern häufig zu, wenn es um die Pressearbeit geht. Meist wählen sie jemanden aus, der gerne und gut schreibt. Sie denken, das reicht völlig aus. Aber Pressemeldungen sind mehr als gefällige Texte. Sie zu schreiben ist ein Handwerk, das sich nur mit passendem Werkzeug erledigen lässt. Journalisten wollen keine netten Sätze lesen. Sie wollen eine Information, die aktuell, relevant und überraschend ist. Sie wollen einen Text, der in sachlicher Tonalität darstellt, was wo wann wie und warum passiert. Sie wollen eine Textstruktur, mit der sie arbeiten können. Deshalb: Finden Sie einen Anlass und bedienen Sie sich dann der Werkzeuge des journalistischen Schreibens.

Die vier Phasen Ihrer Basis-Pressearbeit

Beachten Sie die vier Phasen einer erfolgreichen Pressearbeit.

Phase eins: Schaffen Sie einen Anlass

Sie stehen nicht auf der Liste der DAX-10-Unternehmen, die den nationalen Wirtschaftswert mitbestimmt? Sie haben nicht 100 Mitarbeiter auf einen Schlag entlassen, weil Sie in eine Krise geschlittert sind? Ihr Unternehmen feiert nicht das 160. Jahr Erfolgsgeschichte? Ihr CEO, ein Mann von Welt und mit Werten, hat keine heimliche Geliebte vor der Redaktion der „BILD"-Zeitung geküsst? Dann wette ich mit Ihnen, Journalisten rufen nicht an und bitten nicht um ein Pressestatement. Sie werden also den steinigen Weg gehen und die Initiative ergreifen müssen.

Bedienen Sie sich aktueller Themen oder kreieren Sie eine Botschaft, die Journalisten und Leser gleichermaßen interessiert:

→ Sie planen ein Sommerfest?
→ Sie überreichen einen Scheck an eine karitative Einrichtung in Ihrer Region?
→ Sie haben einen Erfolg zu vermelden, weil die Produktionszahlen steigen, weil Sie für eine Leistung ausgezeichnet werden?
→ Sie veröffentlichen gerade Ihren Geschäftsbericht oder starten eine Produktkampagne?
→ Ihr CEO feiert einen runden Geburtstag und der Bürgermeister hält eine Laudatio?
→ Sie stellen gerade den 100. Mitarbeiter ein oder beteiligen sich mit Trommelwirbel am Girls' Day?
→ Sie übernehmen die Patenschaft für ein Projekt, das die Herzen in der Region berührt?
→ Sie produzieren den 100.000sten Rahmen und damit wird das Produkt zur Erfolgsgeschichte und zur Marke?

Zu welchem aktuellen Thema kann sich Ihr Unternehmen öffentlich äußern? Diese Frage ist der Türöffner zur Pressearbeit. Denn darum geht es: Informationen zu Unternehmensentwicklung oder -themen darzustellen und die Neugierde der Medien zu wecken. Machen Sie sich dabei auch klar, dass Sie nicht Bittsteller bei der Presse sind, sondern Inhalte liefern. Sie formulieren Themen, die Leser und Zuhörer wollen. Und damit begegnen Sie den Journalisten auf Augenhöhe.

Phase zwei: Formulieren Sie das Thema

Nach der Themenwahl folgt die Textarbeit. Bitte gehen Sie hier bedächtig vor und denken Sie immer daran: Das, was Sie schreiben, kann eine Interpretationsfläche bieten. Und: Zusätzlich zu Ihrem aktuellen Thema haben Sie die Möglichkeit, Ihr Unternehmen mit seiner gesamten Leistung und Kultur in Fokussätzen zu präsentieren.

Sie brauchen also Ruhe beim Denken. Gehen Sie raus aus Ihrem Büro. Vielleicht finden Sie einen Besprechungsraum, in dem keine Stapel auf Schränken und Boden Ihre Energie blockieren. Sie brauchen einen weiten Blick und einen gedanklichen Freiraum, um sich in Redakteure und Leser hineinzuversetzen und gleichzeitig die Unternehmensbelange im Sinn zu haben. Packen Sie sich Ihren Laptop, den Geschäftsbericht, die aktuellen Unternehmenszahlen, die Tageszeitungen sowie Blätter und Stifte unter den Arm und sorgen Sie dafür, ein, zwei Stunden ungestört arbeiten zu können. Ohne Telefongeklingel, ohne E-Mail-Check, ohne Gespräche mit Kollegen.

Bevor Sie mit Ihrem Pressetext beginnen, entscheiden Sie, wer Ihr Empfänger und letztendlich Ihr Leser ist:

→ Printmedien, lokal, regional, überregional
→ Publikumsmagazine oder Fachmagazine
→ Online-Portale, Online-Medien
→ Rundfunk oder TV
→ Nachrichtenagenturen
→ Freie Journalisten, freie Redaktionsbüros

Nach Ihrer Verteilerwahl richtet sich die Tonalität im Text. Ein Fachmagazin benötigt detaillierte Angaben, ein Publikumsmagazin legt Wert auf nutzungsfreie Fotos und eine Lokalzeitung will Standortinformationen.

Tipp

Wenn Sie eine regelmäßige Pressearbeit anstreben, einen vertrauensvollen Kontakt zu den Medienvertretern aufbauen wollen, dann kommen Sie nicht um einen eigenen Presseverteiler herum. Ich empfehle eine Excel-Tabelle mit allen wichtigen Adressen und

Namen sowie einer Spalte für Notizen. Hier tragen Sie die Ergebnisse Ihrer Gespräche und die Veröffentlichungen in den jeweiligen Medien ein und werten diese immer wieder aus.

Ansprechpartner der Landespressekonferenzen finden Sie im Internet (www.lpk-[Name des Bundeslandes].de). Kostenpflichtig ist der Zugriff auf die gut sortierte Zimpel-Datenbank aller relevanten Medien (www.zimpel.de).

●●●

Generell gilt: Das Gießkannenprinzip, also jedem alles zu erzählen, wirkt unprofessionell. Stellen Sie also einen sinnvollen Verteiler zusammen, einen Verteiler für dessen Leser Ihre Botschaft interessant ist. Die Assistentin der Reborn-Gruppe sollte zum Beispiel die lokalen Medien ansprechen, um die Idee mit dem 100.000sten Rahmen als Standorterfolg zu feiern, das Unternehmen als Kunstexperten noch deutlicher zu positionieren und Interessenten zu einem Bildtermin einzuladen. Wenn sie dann später feststellt, wie positiv das Medienecho ist, wird sie eine zweite Mitteilung an einen größeren überregionalen Verteiler versenden.

Pressetexte bauen sich wie eine Pyramide auf

Pressetexte sind wie Pyramiden. Das Wichtigste steht in der Spitze und dann folgt die Themenbasis. Damit legen Sie in Ihren Pressemitteilungen wenig Wert auf einen Spannungsbogen. Sie arbeiten nach einer Formatvorgabe. Und das hat einen guten Grund, denn: Der Journalist kürzt Ihre Meldung. Dabei macht er es sich einfach. Er streicht je nach Umfang die letzten Sätze. Als Regel gilt: Das Wichtigste nach oben, Wiederholung nach unten.

So sieht der Aufbau Ihrer Pressemitteilung nach dem Pyramidensystem aus:

→ Presseinformation. Dieser Hinweis zeigt: Das ist eine exklusive Meldung für die Medien, sie ist autorisiert und relevant für das Unternehmen.

→ Ort, Datum und laufende Nummer der Information. Diese Angaben informieren die Medien, wie oft Sie im Jahr eine Pressemeldung veröffentlichen. Außerdem dient die Zeile als Archivmerkmal. Sie vereinfacht die Kommunikation, wenn es um nachträgliche Fragen geht.

→ Überschriften. Fokus aufs Thema in drei Zeilen. Sie bestehen aus Dachzeile, Headline, Subline.

→ Teaser. Ihre Botschaft kompakt. Was ist wo wann und wie passiert?

→ Erster Textabsatz. Ihre Botschaft als These. Warum berichten Sie und wie ist Ihre Haltung zum Thema?

→ Zweiter Textabsatz. Ihre Begründung zur These/Headline. Liefern Sie Antworten durch Ihre Zitate, Formeln, Lösungsansätze.

→ Dritter Absatz. Ihre Expertise und Ihre Kernkompetenz. Erklären Sie Ihre Position noch einmal und stellen Ihre Unternehmensleistung heraus.

→ Vierter Absatz. Zusammenfassung und Unternehmensdarstellung in Kurzform. Achtung, dieser Abschnitt wird in der Regel von den Redakteuren gekürzt. Fassen Sie noch einmal Ihre These zusammen und nutzen Sie den Platz für eine allgemeine Unternehmensdarstellung. Alles, was Sie hier schreiben und was wichtig ist, sollte in den vorigen Absätzen in anderen Worten zu lesen sein.

• •

Presseinformation

17.10.2013
1/13

Bildtermin für die Presse
Reborn-Gruppe sponsert Kunst in der Region

Wilfried Reborn: Der *100.000ste handgefertigte Rahmen geht an das Moderne Museum München*.

München. Am 1. Oktober 2013 wurde der 100.000ste Rahmen gesägt, geschnitzt und vergoldet. Dieses Jubiläumsstück ist das Zeugnis unserer Erfolgsgeschichte und wir freuen uns, dass es dem Werk des Künstlers Johann Erkenbach, *Feen der Nacht*, einen Rahmen gibt.

Wir laden Sie ein zur Bildenthüllung
am 24. Oktober 2013
um 11.00 Uhr
im Museum für Moderne Kunst, Große Allee 15, 80010 München.
Wilfried Reborn wird gemeinsam mit dem Kurator des Modernen Museums, Professor Dr. Eberhard Engelbrecht, das Bild enthüllen. Der Künstler ist anwesend. Seit 100 Jahren fertigt die Reborn-Gruppe edle Holzrahmen. Jeder Rahmen entsteht in Handarbeit und ausschließlich in Deutschland. Das Familienunternehmen verwendet ausschließlich edle und langjährig gelagerte Hölzer, die in heimischen Wäldern ab 400 Meter Höhe wachsen. *„Kunst liegt uns am Herzen. Wir setzen sie in Szene, seit nunmehr 100 Jahren. Wir sind stolz auf unseren Erfolg und werden uns weiterhin für einen starken Standort München einsetzen. Dabei leiten uns die Werte aus Nachhaltigkeit und aus dem Klimaschutz"*, so Wilfried Reborn.

Ansprechpartner für die Presse
Sylvia Rosenthal
Pressereferentin und Assistentin der Geschäftsführung
Reborn-Gruppe GmbH
Rebornallee 5
80888 München
Telefon 089 545454555
Fax 089 545454556
s.rosenthal@reborn.de
www.reborn-gruppe.de

Wir freuen uns auf Ihre Akkreditierung via Fax: 089 545454556
❑ Ja, ich nehme gerne den Bildtermin im Museum für Moderne Kunst in München wahr.
❑ Leider kann ich nicht persönlich teilnehmen. Bitte senden Sie mir die Presseunterlagen zu.
NAME .... MEDIUM ....
REDAKTION ....
ANSCHRIFT, TELEFON, E-Mail ....

Presseinformation

04.11.2013

2/13

Umweltschutz als Unternehmenswert

Wilfried Reborn mahnt: *Abholzen der Regenwälder für Billigprodukte führt zur Umweltkatastrophe*

Reborn-Gruppe, Experte für handgefertigte Edelholzrahmen, startet Kampagne zum Schutze der Natur.

München. Am weltweiten Tag des Umweltschutzes mahnt der Geschäftsführer der Reborn-Gruppe Wilfried Reborn die unkontrollierte Methode der Billighersteller im Holzsektor an. „Wir werden als nachhaltig produzierendes Markenunternehmen nicht weiter dem wahllosen Abholzen der heimischen Wälder zusehen", verkündet Wilfried Reborn. Die Reborn-Gruppe startet daher eine Kampagne, die die Bürger Bayerns auffordert, nur nachhaltig hergestellte Produkte zu kaufen. Mit dem Start der Kampagne überreicht Reborn dem Umwelt- und Energieminister ein 7-Punkte-Programm zum Schutz der heimischen Wälder.

In diesem Programm fordert Reborn

1. ein Ende des wahllosen Abholzens mit dem Ziel, Billigprodukte auf den Markt zu werfen.
2. Zukünftig dürfen nur Hölzer zu Verarbeitungszwecken verwendet werden, die eigens für die holzverarbeitende Branche angepflanzt wurden.
3. Die Hölzer dürfen erst nach Reifung gefällt werden.
4. Für jeden gefällten Baum wird ein neuer gepflanzt.
5. Ein Nachhaltigkeitssiegel für umweltschonende Verarbeitung muss der Regierung vorgelegt werden.
6. Erst nach Prüfung der Produktionsverfahren erhalten die Betriebe eine Genehmigung zum Abholzen.
7. Das Abholzen jenseits der Baumflächen für Produktion bleibt verboten.

Die Reborn-Gruppe setzt mit diesem 7-Punkte-Plan ein Zeichen für ihre Qualitäts- und Nachhaltigkeitsstrategie und möchte ein Bewusstsein schaffen für den verantwortungsvollen Umgang mit der Natur. Sie will dazu beitragen, die Bürger und Bürgerinnen für die Umwelt zu sensibilisieren, und wird zu Lesungen, einer Ausstellung und einem Tag der Offenen Tür einladen. Seit 1885 fertigt die Reborn-Gruppe Rahmen von höchster Qualität. Die Hölzer werden eigens für die Fertigung angepflanzt und erst nach Reifung und aufwändiger Bearbeitung verwendet. Jeder Rahmen entsteht in Handarbeit und während langwieriger Trocknungs- und Schichtungsprozesse. Die Designer und Handwerker verwenden ausschließlich umweltfreundliche und giftfreie Farben und Lacke, um die Hölzer zu veredeln.

Mit der Umweltkampagne will die Reborn-Gruppe ein Zeichen setzen für die nachhaltige Produktion mit Holz. Seit mehr als 100 Jahren gibt die Marke Reborn Kunst einen Rahmen und sie wird auch zukünftig den respektvollen Umgang mit der Natur anmahnen, denn das Abholzen der Regenwälder für Billigprodukte führt zur Umweltkatastrophe.

Ansprechpartner für die Presse
Sylvia Rosenthal
Pressereferentin und Assistentin der Geschäftsführung
Reborn-Gruppe GmbH
Rebornallee 5
80888 München
Telefon 089 545454555
Fax 089 545454556
s.rosenthal@reborn.de
www.reborn-gruppe.de

• •

Phase drei: Versenden Sie Ihren Pressetext

Pressearbeit ist ein schnelles Geschäft, der Postweg eignet sich nicht, um Pressemeldungen zu verschicken. Nutzen Sie Fax oder E-Mail und versenden Sie Ihre Texte etwa sechs bis acht Werktage vor dem Termin. Nach meiner Erfahrung ist es gut, Journalisten dabei persönlich und namentlich anzusprechen.

u.willson@münchenertageszeitung.de

Achtung Bildtermin: „Rahmen für die Kunst" im Modernen Museum München

Guten Tag, Herr Willson,
die Reborn-Gruppe schenkt den 100.000sten handgefertigten Rahmen dem Museum für Moderne Kunst. Gerne laden wir Sie zum Bildtermin vor Ort ein. In der Pressemitteilung erfahren Sie die Details.
Ich freue mich auf eine Begegnung im Museum.
Wenn Sie weitere Informationen oder ein Interview mit unserem Geschäftsführer Dr. Wilfried Reborn wünschen: Bitte rufen Sie mich an.

Beste Grüße

Sylvia Rosenthal
Pressereferentin und Assistentin der Geschäftsführung
Reborn-Gruppe GmbH
Rebornallee 5
80888 München
Telefon 089 545454555
Fax 089 545454556
s.rosenthal@reborn.de
www.reborn-gruppe.de

Hängen Sie die Pressemitteilung an eine solche Nachricht an, und zwar nicht nur als Link zum Dokument, sondern bereits auf den ersten Blick in Gänze sichtbar. Fotos zur Veröffentlichung ohne weitere Gebühr und mit einer ausreichenden Auflösung sind in Redaktionen immer willkommen. Vergessen Sie die Bildunterschrift nicht.

Mediadienst für den großen Verteiler
Sie wollen auf ein Ereignis hinweisen, das mehr als regionale Bedeutung hat und deshalb nach einem breit gestreuten Verteiler verlangt? Dann setzen Sie

auf Mediadienste, die Ihre Pressemitteilung via Satellit direkt auf den Bildschirm der Redaktionen tickern lassen. Ihnen fehlt das Budget von rund 300 Euro dazu? Dann bedienen Sie auf jeden Fall die großen Online-Presseportale. Journalisten beobachten die Internetmeldungen laufend, verarbeiten die Texte nach Bedarf und ganz nebenher erledigen Sie Ihre Off-Page-Optimierung zur eigenen Website durch die gesetzten Hyperlinks.

Kostenfreie Presseportale sind zum Beispiel:

- www.businessportal24.com
- www.openbroadcast.de
- www.openpr.de

Phase vier: Bericht erstattet

Nachfragen oder Abwarten? Hier gehen die Meinungen auseinander. Ich empfehle: Rufen Sie nicht an. Fragen Sie nicht nach. Es stört den Redaktionsablauf und verärgert eher als es nützt. Journalisten lassen sich nicht beeinflussen. Weder durch Anrufe noch durch E-Mails und schon gar nicht durch Verhandeln. Sie sollten nicht versuchen, die Berichterstattung zu forcieren.

Das gilt auch, wenn Ihr Chef Ihnen zuruft: „Machen Sie mal schnell." Natürlich würden Sie die Lorbeeren ernten, stände Ihr Text in der Zeitung. Aber das Risiko ist einfach zu groß, einen Journalisten mit einer Nachfrage zu verärgern und das sanfte Pflänzchen Vertrauen zu überwässern. Glauben Sie mir, Journalisten wissen sehr gut, mit welchen Themen sie ihre Spalten füllen wollen, um Leser zu binden – auch ohne Ihre Nachfragen. Außerdem gilt hier der Grundsatz einer jeden Akquise: Zeige dem Kunden nie, dass dein Magen knurrt.

Mir sträuben sich die Haare, wenn ich Kommentare höre wie: „Ich buche eine Anzeige in der Wochenendausgabe und dafür soll der Journalist über uns berichten. Eine Hand wäscht die andere – das zählt zu den Win-win-Geschäften." Nein. Das tut es nicht.

DAS REGELT DER PRESSEKODEX

1973 legte der Deutsche Presserat gemeinsam mit Presseverbänden diesen Ehrenkodex fest, dem sich Journalisten verpflichtet fühlen. Er wird seither bei Bedarf überarbeitet und erweitert und jeweils mit feierlicher Geste dem amtierenden Bundespräsidenten überreicht. Er gilt für alle Medien, einschließlich der Online-Medien. Und er legt größten Wert auf die Trennung zwischen Werbung und Redaktion:

„Die Verantwortung der Presse gegenüber der Öffentlichkeit gebietet, dass redaktionelle Veröffentlichungen nicht durch private oder geschäftliche Interessen Dritter oder durch persönliche wirtschaftliche Interessen der Journalistinnen und Journalisten beeinflusst werden. Verleger und Redakteure wehren derartige Versuche ab und achten auf eine klare Trennung zwischen redaktionellem Text und Veröffentlichungen zu werblichen Zwecken. Bei Veröffentlichungen, die ein Eigeninteresse des Verlages betreffen, muss dieses erkennbar sein." (Auszug aus dem deutschen Pressekodex: www.presserat.info)

Warten Sie also ab, was passiert. Sie haben bis hierhin gute Arbeit geleistet, alles Weitere liegt nicht in Ihrer Hand. Wenden Sie sich wieder dem Tagesgeschäft zu und beobachten Sie die Medien. Blättern Sie die Zeitungen durch oder beauftragen Sie bei großen Presseaktionen ein Unternehmen, das sich auf Medienresonanzanalyse spezialisiert hat.

Ein Wort zu den Nachrichtenagenturen

Sylvia Rosenthal aus unserer kleinen Geschichte durfte sich über ein breites Medienecho freuen. Nahezu alle regionalen Zeitungen berichteten über die Kunstenthüllung und bildeten ein Foto ab, Text und Bild wurden zum Selbstläufer. Die breite Veröffentlichung in den Medien lag daran, dass eine Nachrichtenagentur vor Ort gewesen war. Denn: Sobald ein Agenturredakteur eine Meldung tickert, landet sie auf den Ressortbildschirmen in Deutschland und manchmal weltweit. Nachrichtenagenturen sind Multiplikatoren. Sie machen aus Ihrem Pressetext eine Meldung und bieten diese den Redaktionen an, stellen sie auf die eigene Plattform. Sie bedienen alle relevanten Print- und Online-Medien nahezu in Echtzeit und bieten eine Schlagwortsuche zu den Veröffentlichungen.

Wenn Sie Ihren Pressetext breit streuen wollen, vergessen Sie die Nachrichtenagenturen nicht. Einen Überblick sowie Kontaktadressen der deutschsprachigen Nachrichtenagenturen finden Sie unter: www.die-nachrichtenagenturen.de.

Phase fünf: Klappern gehört zum Handwerk

Die Spannung wächst am Tag nach Ihrem Event. Wer hat berichtet? Wer nennt den Unternehmensnamen und berichtet in positiver Manier? Welche Leser also werden von Ihren Aktionen erfahren und über Sie reden? Beobachten Sie die Presse in den nächsten Tagen. Geben Sie Suchbefehle in Presseportalen und Online-Ausgaben Ihrer Zeitungen ein, kaufen Sie die Druckversion und sammeln Sie jeden einzelnen Hinweis in einem Presseecho. Versehen Sie die Auszüge mit Datum und Quelle, kleben Sie sie in einem Medienspiegel zusammen und geben Sie diese Seiten in den Umlauf, scannen Sie ihn ein. Zeigen Sie Ihren Erfolg und reden Sie darüber: Klappern gehört zum Handwerk. Denn das bringt Ihnen drei Vorteile:

1. Sie stärken das Unternehmensklima, weil Sie Mitarbeiter und Kollegen am Erfolg teilhaben lassen. Indem Sie das Presseclipping gebündelt weiterleiten, können die Empfänger mitlesen und mitreden, ohne sich die Nachrichten selbst mühselig aus Zeitungen heraussuchen zu müssen.

2. Beeindrucken Sie durch das Pressecho Ihren Vorgesetzen und Ihre Kollegen. Spiegeln Sie Ihren Erfolg Schwarz auf Weiß als Pressespiegel in Print sowie digital auf der Unternehmenswebsite und im Intranet.

3. Werten Sie die Berichte aus: Welches Medium hat ausführlich und wohlwollend berichtet? Wer hat über das Ereignis geschrieben, aber den Unternehmensnamen unterschlagen? Wer hat eine negative Berichterstattung

serviert? Notieren Sie sich diese Ergebnisse in einer Spalte in Ihrem Verteiler. Das wird bei einer der nächsten Presseaktionen hilfreich sein.

Tipp

Beachten Sie die goldene Regel der Kommunikation: erst intern, dann extern. Damit Mitarbeiter Unternehmensentwicklungen nicht aus der Zeitung erfahren, sollten Sie sie via E-Mail oder Erklärung im Intranet informieren.

Interview

Goldmedia Analytics in Berlin ist auf Medienbeobachtung und Medienanalyse spezialisiert. Der Geschäftsführer und Diplomsoziologe **Oliver Numrich** empfiehlt, besonderes Augenmerk auf diese letzte Phase der Pressearbeit zu legen und die Medien genau zu beobachten.

Wie kann ich feststellen, wie hoch das Presseecho nach einer Aktivität war? Und: Ab wann lohnt sich professionelle Hilfe?

Um die Resonanz auf Ihre PR-Aktivitäten messen zu können, sollten Sie alle persönlichen und schriftlichen Kontakte mit Journalisten notieren, um später die entsprechenden Medien überprüfen zu können. Bitten Sie die Journalisten nach einem Gespräch stets um ein Belegexemplar oder einen Link zu deren Veröffentlichungen. Stimmen Sie sich mit Kollegen ab, um ein breiteres Spektrum an Medien abzudecken: Wer liest welche Zeitung und kann Beiträge an Sie weiterleiten?

Selbstverständlich sollte der Presseverantwortliche einen kostenlosen Suchauftrag bei Google News einrichten. Er erhält dann täglich eine E-Mail mit allen im Netz neu erschienen Beiträgen, die den eingestellten Suchkriterien entsprechen. Allerdings wird hier nur eine Auswahl deutscher Nachrichtenseiten durchsucht und die Treffer werden nicht gespeichert. Blogs, Foren, Facebook und Twitter müssen von Ihnen manuell auf relevante Treffer durchsucht werden.

Wenn regelmäßig und auch überregional über Ihre Organisation oder Ihr Unternehmen berichtet wird, sollten Sie einen professionellen Medienbeobachter beauftragen. Er durchsucht auch Fachmedien, TV und Hörfunk nach Ihren Suchbegriffen. Wenn die Berichterstattung schon frühmorgens für die Chefetage bereitstehen muss, ist ein digitaler Pressespiegel zu empfehlen, bei dem alle Artikel als PDFs per E-Mail versandt werden.

Welche Methode der Medienauswertung empfehlen Sie?
Um am Monats- oder Jahresende beurteilen zu können, ob die Pressearbeit erfolgreich war, empfiehlt es sich, die Medienresonanz auszuwerten. Das ist auch gut, um belegen zu können, wie erfolgreich Ihre PR-Bemühungen waren. Und das geht so:

- Sammeln Sie dazu alle Beiträge und beschriften Sie jeden Artikel mit der genauen Bezeichnung des Mediums und dem Datum.
- Recherchieren Sie die durchschnittlichen Reichweiten der berichtenden Medien und summieren Sie die Beiträge und Reichweiten für den gewünschten Zeitraum.
- Tragen Sie die wichtigsten Kennzahlen jedes Beitrags in je eine Zeile eines Tabellenverarbeitungsprogramms wie MS Excel oder Open Office Calc ein.

Wenn über unterschiedliche Themen oder Personen berichtet wurde, können Sie das Medienecho nach diesen Kriterien unterscheiden und noch gezielter auswerten. Auch nach Mediengattungen und Tendenz der Beiträge können Sie differenzieren.

Wichtig: Je exakter Sie die Berichterstattung analysieren wollen, umso genauer müssen Sie auch die Merkmale unterscheiden, nach denen Sie Gruppen bilden. Notieren Sie dazu in einem Codierbuch,

- welche Merkmale betrachtet werden,
- wie sie definiert werden,
- welche verschiedenen Ausprägungen sie haben, zum Beispiel: Merkmal „Thema" hat die Ausprägungen Geschäftspolitik, Produkt A, Produkt B, Messe und so weiter.

Wenn sich ein Beitrag hauptsächlich auf die Messeaktivitäten Ihres Unternehmens bezieht, wird er diesem Thema zugeordnet.

Das Tabellenverarbeitungsprogramm hilft Ihnen, mit wenigen Klicks einfache Auswertungen und Diagramme aus Ihrem Medienecho zu erstellen. Vergleichen Sie die Ergebnisse mit Ihren Kommunikationszielen, um die tatsächliche Leistung besser beurteilen zu können.

Wie kann ich Pressespiegel und Medienresonanzanalyse für die Positionierung, für das Image, für weitere Presseaktionen nutzen?

Für jede Organisation und jedes Unternehmen ist es wichtig zu wissen, wie es von der Öffentlichkeit wahrgenommen wird. Denn ein Unternehmen mit hoher Reputation hat es leichter, seine Produkte zu verkaufen, gute Mitarbeiter zu finden und Kredite zu erhalten. Die Berichterstattung spiegelt diese Reputation wieder und zeigt Probleme auf.

Doch die reine Betrachtung von Presseclippings spiegelt nur eine Momentaufnahme wider, die oft genug von persönlichen Einschätzungen verzerrt wird. So werden einzelne sehr negative oder deutlich positive Beiträge überproportional wahrgenommen. Erst die systematische Auswertung der Medienresonanz-Kennzahlen enthüllt statistische Muster. Zum Beispiel könnten bestimmte Themen von den Journalisten zu bestimmten Jahreszeiten bevorzugt werden. Oder es werden mehr Beiträge generiert, wenn bestimmte Personen Zitate liefern. Wenn solche Zusammenhänge entdeckt werden, kann die Pressearbeit entsprechend optimiert und die Effizienz der PR gesteigert werden.

Textsorten für die Presse

Sie kennen nun die Werkzeuge, die Sie brauchen, um eine Pressemeldung zu schreiben. Es geht darum, Text zu liefern mit

→ einer aktuellen, relevanten, überraschenden Botschaft,
→ nach der Pyramidenformel strukturiert und
→ in sachlicher Tonalität verfasst.

Aber Journalisten möchten manchmal mehr, Sie wollen die ganze Palette der Textsorten:

- → Statements
- → Waschzettel
- → Pressemappen
- → Interviews

Auch diese Textformen sollten für Sie unproblematisch sein. Wenn Sie die folgenden Kriterien im Hinterkopf behalten, werden Sie auf entsprechende Anfragen selbstsicher und mit Know-how reagieren.

Pressestatement

Sie laden zu einer Pressekonferenz ein? Dann erwartet der Journalist mehr als eine Pressemitteilung. Er will ein Statement vom Vorsitzenden, und zwar schriftlich und mit zitierfähigem Inhalt. Liefern Sie es ihm, aber bitte nach der Konferenz. Sonst ist die Gefahr groß, dass er sich den Text schnappt und schon vor Beginn Ihrer Veranstaltung verschwindet. Sie aber wollen, dass die Reihen vor dem Podium besetzt sind, die Journalisten hören und schreiben und Ihrem Chef aufmerksam folgen.

Reichen Sie das Pressestatement in gedruckter Form dar: mit einem Deckblatt, auf dem Ort, Datum, Zeit und Thema zu lesen sind. Versehen Sie es zudem mit dem Zusatz „Es gilt das gesprochene Wort" sowie mit einer Sperrfrist, die erst nach der Pressekonferenz endet.

Waschzettel

Zu jeder Pressekonferenz, zu jedem Pressegespräch gehört eine Mappe mit Unterlagen zum Thema. Der Waschzettel liefert dem Journalisten mit sachlicher Tonalität und nach Pyramidenform strukturierte Details. Er gibt ein Hintergrundwissen, das über den Inhalt einer Pressemitteilung weit hinausgeht. Im besten Fall kann der Journalist diesen Text eins zu eins übernehmen. Bieten Sie auf diesen ein bis zwei DIN-A4-Seiten Informationen mit Mehrwert, die nicht auf Ihrer Website und nicht in der Pressemitteilung stehen.

Ein Waschzettel ist ein Hintergrundzettel und hier zählt eines: Fakten, Fakten, Fakten – zum Thema, zum Unternehmen, zu dessen Entwicklung und Perspektiven.

Pressemappe

Es ist ein Gebot des guten Tons, den Journalisten eine Pressemappe zu überreichen, wenn sie Ihre Veranstaltung besuchen. Diese Mappe beinhaltet bestenfalls Ihre Selbstdarstellungsbroschüre, Ihren Geschäftsbericht, einen Waschzettel zum Thema, das Statement des Chefs und Ihre Kontaktdaten.

Interview

Geben Sie kein Interview aus dem Stegreif. Es sei denn, der Journalist fragt nach einem Mini-Statement und Sie sind 100-prozentig mit Ihrem Thema vertraut. Für jede andere Anfrage gilt die Regel: Vereinbaren Sie einen Termin am Telefon oder persönlich und bereiten Sie sich sehr gut darauf vor.

→ Recherchieren Sie, wer sich wie über das Thema aktuell äußert.
→ Bilden Sie Ihre Argumentationskette.
→ Versuchen Sie, die Fragen und Zwischenfragen des Journalisten vorherzusehen, und entwerfen Sie die Antworten.
→ Notieren Sie Schlüsselwörter, Definitionen, Zahlen, Daten und Fakten auf Karteikarten.
→ Bitten Sie um eine Autorisierung vor der Veröffentlichung.

Tipp

An Ihren Worten werden Sie gemessen. Es ist schwierig, einmal Gesagtes zurückzunehmen. Deshalb achten Sie darauf, dass Ihre Antworten auch jenseits des Kontexts sinnvoll und wahr sind. Auf Zwischenfragen, die Sie ad hoc nicht beantworten können, reagieren Sie nicht oder bieten an, eine Antwort nachzureichen.

Achtung: Smalltalk

Eine kleine Warnung möchte ich Ihnen mit auf den Weg geben: Werden Sie am Rande einer Pressekonferenz, auf Veranstaltungen, am Telefon oder im Gespräch mit Journalisten niemals vertraulich. Ihr Gegenüber kann alles verwenden, was Sie ihm sagen. Journalisten sind geschult darin, Nichtgesagtes auch zwischen den Zeilen herauszuhören und durch geschickte Fragen ein wenig mehr zu erfahren, als Sie verraten möchten. Deshalb lautet mein Tipp: Reden Sie über das Wetter.

Unter dem Siegel der Verschwiegenheit

Journalisten schreiben, worüber Sie reden. Das ist ihr Beruf. Aber: Journalisten können auch schweigen. Sollten Sie sich fragen, ob Sie das beeinflussen können, dann lautet meine Antwort: Ja. Sie müssen nur deutlich ankündigen, dass Sie unter dem Siegel der Verschwiegenheit sprechen. Dann und nur dann gelten andere Regeln.

→ „Unter drei" bedeutet: Der Journalist muss schweigen. Er darf nichts von dem, was Sie ihm sagen, verwenden.

→ „Unter zwei" bedeutet: Der Journalist darf schreiben, aber Sie bleiben als Sprecher unerkannt.

→ „Unter eins" bedeutet: Der Journalist darf reden und schreiben und Sie als Quelle mit Namen und Unternehmen nennen.

● ●

Sagen Sie Ihre Ziffer deutlich an und lassen Sie sich bestätigen, dass der Journalist Sie akustisch verstanden hat. Pressearbeit ist Vertrauenssache: Pflegen Sie dieses Vertrauen und achten Sie genau darauf, dass es auf der anderen Seite nicht missbraucht wird.

Tipp

● ●

Geschäftsbericht: Daten, Fakten und Pirouetten

Einen Geschäftsbericht zu verfassen zählt zur Königsdisziplin der Kommunikation. Er wird beachtet. Von Ihren Mitarbeitern und Partnern, von Kunden, von der Konkurrenz und von der Presse. Sein Verbreitungsgrad ist weit. Er hat eine Gültigkeit von einem Jahr. Entsprechend groß gestaltet sich der Aufwand für Entwurf und Produktion.

Vielleicht entscheiden Sie sich für die Zusammenarbeit mit einer Agentur. Vielleicht möchten Sie Ihr Projekt in Eigenregie erledigen. Das bestimmen Sie mit einem Blick aufs Budget, auf Ihre Mannschaft und auf die Kompetenz im Unternehmen. Ich finde, es ist sinnvoll, genau hinzusehen, welche Aufgaben Sie mit ein wenig Know-how selbst erledigen können. Das spart Geld und das macht den Geschäftsbericht für Sie zu einem besonderen Kommunikationsmittel. Er wird zur Chefsache und erhält den Stellenwert, der ihm gebührt. Entscheiden Sie, was Sie intern beitragen können und was Sie besser einer Agentur überlassen sollten.

Nehmen Sie's sportlich

Die beste Grundlage für den Projekterfolg schaffen Sie, indem Sie den Geschäftsbericht als Daueraufgabe betrachten. Das wusste schon Fußballlegende Sepp Herberger, als er feststellte: „Nach dem Spiel ist vor dem Spiel." Mit einer lässigen Attitüde bringt er auf den Punkt, was Dauerprojekte erfolgreich macht: aus Fehlern zu lernen und weiterzudribbeln zum nächsten Torschuss – um zu gewinnen. Das könnte die Motivation sein für Ihre Projekte in Dauerschleife: für den Geschäftsbericht, Ihr Magazin, Ihre Themenreihen. Denn die Abläufe sind ähnlich. So kann das Planen und Erstellen eines Geschäftsberichts beispielhaft sein für die Publikumsmedien Ihres Unternehmens.

Ich weiß, dass im Tagesgeschäft oftmals aktuelle Aufgaben die langfristigen verdecken. Aber es gibt ein Prinzip im Sport, das sich perfekt auf große Herausforderungen in der Geschäftswelt übertragen lässt: Nur stetiges Training lässt die Muskeln wachsen und steigert die Kondition. Diese Erkenntnis bedeutet für das Projekt Geschäftsbericht: Zwei Stichtage markieren Ihr Feld,

Jahresanfang und Jahresende. Dazwischen liegen 365 Tage Unternehmens-entwicklung.

Auf jedem einzelnen Quadratmeter, an jedem einzelnen Tag setzen Sie Strategien um, meistern Sie Krisen, freuen Sie sich über Erfolge. Sie wirbeln fürs Image. Unermüdlich. Schreiben Sie darüber. Erzählen Sie Ihre Story mit dem Wissen, dass genau drei Kriterien den Wert Ihres Geschäftsberichts bestimmen: Inhalt, Sprache, Gestaltung.

Neun Merkmale für einen beispielhaften Geschäftsbericht

➜ Ein Geschäftsbericht folgt offiziellen Regeln und spiegelt darüber hinaus die Corporate Identity eines Unternehmens.

➜ Der Geschäftsbericht setzt die Jahresentwicklung in einen Gesamtkontext von der Gründung bis zur Gegenwart.

➜ Der Lagebericht entspricht dem Deutschen Rechnungslegungsstandard (www.drsc.de).

➜ Die Gestaltung wirkt dem Jahreserfolg angemessen.

➜ Inhalt und Sprache lenken den Fokus auf Kompetenz, Kennzahlen, Jahres-erfolge, Strategien, Ziele und die Unternehmenskultur.

➜ Der Vorstandsvorsitzende spricht im Brief seine Leser persönlich an. Er fasst den Inhalt zusammen, gibt Hinweise auf die Intention bei Motto und Gestaltung und erklärt das Jahr aus seiner Sicht.

➜ Inhaltsverzeichnis, Seitenregister, Querverweise und farbliche Elemente navigieren den Leser durch die Seiten.

➜ Elemente wie ein Glossar, ein Kalendarium oder Listen der Ansprechpart-ner bieten Lese- und Nutzwert.

➜ Die Tonalität im Geschäftsbericht ist sympathisch und freundlich, und zwar ohne Werbephrasen und Behördendeutsch.

Zum Ziel in drei Etappen

Ihr Geschäftsbericht fällt unter die Kategorie Jahresziel. Sie brauchen einen langen Atem, um es zu erreichen. Nicht ein Sprint hilft weiter, sondern ein Training in drei Etappen.

Erste Etappe: Aufwärmphase

Sie sammeln, sortieren, recherchieren das ganze Jahr. Füllen Sie Ihren Ordner, der die Aufschrift „Agenda Geschäftsbericht 2013" trägt.

→ Fakten sammeln: Bedenken Sie, dass Ihr Geschäftsbericht aus zwei Teilen besteht, aus Rechenschafts- und Imageteil. Sortieren Sie Ihre Zahlen, Texte und Bilder nach diesen beiden Kategorien, und zwar in chronologischer und monatlicher Reihenfolge.

→ Themen bündeln: Sobald sich innerhalb Ihrer Monatsregister ein Themenblock ergibt, bündeln Sie diese Informationen und fügen Zwischenregister ein, zum Beispiel mit der Aufschrift „Jahrespressekonferenz". Hierunter sammeln Sie dann Einladungen, Presseinformationen, Statements, Fotos, redaktionelle Beiträge, Fotos und anderes mehr.

→ Recherche ergänzen: Beobachten Sie die Medien. Werten Sie Beiträge anderer Abteilungen aus. Suchen Sie im Internet nach relevanten Themen und Beiträgen. Sie benötigen Hintergrundwissen, um später Ihre Texte zu schreiben, um Inhalte einzuordnen und zu bewerten. Auf diese Weise wächst Ihr Bild vom Jahr kontinuierlich. Und wenn die Einladung zur Projektgruppe auf Ihren Tisch flattert, dann sind Sie gewappnet für die Frage: Was ist im Geschäftsjahr passiert?

Zweite Etappe: Projektgruppe

Kein Bericht entsteht im Alleingang. Sie brauchen Mitarbeiter und Dienstleister, die Ihnen mit Rat und Tat zur Seite stehen. Bereits im Sommer trifft sich Ihr Team aus Abteilungsleitern der Revision, des Vertriebs, der Pressestelle, der Agentur Ihres Vertrauens, um die Qualität, die Anmutung, das Motto und vielleicht die erste Skizze des Geschäftsberichts zu entwerfen. Lassen Sie sich beraten. Vertrauen Sie auf die Kompetenz der anderen, aber geben Sie das Steuerrad nicht aus der Hand. Es geht nicht darum, eine Plattform für persönliche Eitelkeiten zu schaffen. Es zählt einzig und allein, Ihr Unternehmensjahr darzustellen, ehrlich und transparent und immer mit Blick auf Ihre Corporate Identity. Sie haben also Ihr Team gefunden. Nur noch zwei Fragen stehen im Raum.

→ Wie hoch ist das Budget? Ein Bericht kostet zwischen 20.000 und 100.000 Euro, je nach Aufwand und Auflage auch mehr. Legen Sie also von Anfang an fest, an welchen Positionen Sie sparen möchten, was Sie selbst leisten können. Ein Rundum-sorglos-Paket einer Agentur genießen die wenigsten Unternehmen. Ein solcher Service ist zwar bequem, aber nicht sinnvoll. Denn Sie legen mehr Herzblut in dieses wichtige Jahresprojekt, wenn Sie selbst am Ball dribbeln und Ihre Mitarbeiter als Mannschaft aufstellen.

→ Wie verteilen Sie die Aufgaben? Ich empfehle in meinen Beratungsgesprächen zur Unternehmenskommunikation, folgende Aufgaben mit dem eigenen Team zu übernehmen:

- Rohtexten
- Bildrecherche und Bildauswahl
- Bildunterschriften
- Redaktion und Schlussredaktion
- Pressearbeit
- Vertrieb und Versand
- Online-Marketing

Dienstleister übernehmen die Positionen:

- Feinschliff: Gute Texte brauchen oft einen Profiblick. Mehr erfahren Sie im Kapitel „Vom Rohtext zum Feinschliff".
- Headlines: Erfahrene Agenturtexter wissen, mit welcher Wucht Headlines den Inhalt pointieren. Profis halten eine Linie von ersten bis zum letzten Kapitel.
- Lektorat
- Grafik, Reinzeichnung, Druckvorlage
- Druck

Bedenken Sie: Jede Aufgaben hat einen Schlusspunkt. Geben Sie eine Deadline vor, indem Sie vom Erscheinungstermin des Jahresberichts rückwärts rechnen, und treffen Sie sich im Sechs-Wochen-Rhythmus, um festzustellen, ob alles planmäßig läuft.

Dritte Etappe: Zeitschiene

Genug beraten und beredet, jetzt wird es Zeit zu handeln. Die Uhr tickt und die Zeitschiene ist verbindlich. Die Agentur und auch die Druckerei halten nach diesem Plan ihre Kapazitäten frei, eine leichtfertige Änderung könnte einen Dominoeffekt auslösen. Bauen Sie kleine Puffer im Plan ein, denken Sie an Urlaube, Krankheiten und unvorhersehbare Ereignisse.

Muster

ZEITPLAN

01.06.2013	Kick-off mit Ideenauswertung zu Gestaltung, Layout, Themen, Motto, Kreativlinie
15.06.2013	Präsentation von zwei Skizzen der Agentur und Entscheidung für die Anmutung und Themensetzung des Geschäftsberichts 2013
01.07.2013	Dummy zum neuen Bericht mit Blindtext
01.08.2013	Text- und Redaktionsphase beginnt
15.08.2013	Bildrecherche, Bildauswahl, Bildkauf, zum Beispiel bei gettyimages oder iStockphoto
15.12.2013	Abgabe der Texte für den Imageteil an die Agentur, Feinschliff und Headlines formulieren
15.12.2013	Abgabe aller Fotos an die Agentur sowie Bildunterschriften
01.02.2014	Abgabe aller Zahlen und Grafiken, des Aufsichtsratsberichts, des Bestätigungsvermerks sowie aller relevanten Daten und Fakten für den Rechenschaftsteil an die Agentur
15.02.2014	Agentur erstellt Gesamt-Grafik und -Layout
15.02.2014	Start der Korrekturphase zu einzelnen Kapiteln
01.03.2014	Korrekturen in Grafik, Layout, Texten, Zahlen und Bildern
10.03.2014	Zweite Redaktions- und Korrekturphase
15.03.2014	Lektorat zur inhaltlichen Stimmigkeit, zu Grammatik und Rechtschreibung
01.04.2014	Schlussredaktion
10.04.2014	Reinzeichnung und Erstellen der Druckansicht und Druckvorlage
25.04.2014	Plot zur Schlussfreigabe der einzelnen Seiten an die Druckerei
30.04.2014	Andruck
02.05.2014	Druck
20.05.2014	Versand, Vertrieb, Pressearbeit, Online-Marketing

Das Spiel beginnt mit diesem Plan. Beobachten Sie, korrigieren Sie, bleiben Sie am Ball bis zum Schluss, bis Sie den Plot in Ihren Händen halten und mit einem Siegergefühl den Anpfiff zum Druck geben. Das beherzigte auch Kai-Uwe Riehling in der folgenden Geschichte.

Einmal Lektüre bitte

„Nicht stören." In Rot warnen die zwei Wörter auf dem Pappschild. Es hängt handgeschrieben und schräg an der Tür und baut dennoch eine Barriere auf für jeden, der anklopfen und eintreten will. Die Mitarbeiter wissen: Der Chef liest.

An diesem Morgen im Januar presst sich der Wind gegen die Glasfassade, klatscht der Regen laut gegen die Außenwände der Riehling & Willer AG. Das stört. Kai-Uwe Riehling, der Sprecher und Vorstandsvorsitzende des Konzerns für Medizintechnik, lässt die Rollos heruntersausen. Sie fallen schwer auf die Fensterbank und dämpfen das Geplätscher draußen. Er schließt die Augen, um sich zu konzentrieren, und denkt: „Jedes Jahr das gleiche Spiel. Jedes Jahr dieser Druck, Tolles zu leisten mit diesem Geschäftsbericht. Das raubt mir noch die letzten Nerven." Er umfasst den Papierstapel, der auf seinem Schreibtisch liegt. Rund 300 Seiten erklären, warum sein Unternehmen Gewinne schreibt. Riehling beginnt zu lesen und langsam schwindet sein Missmut. Stolz schleicht sich ein. Auf seine Mitarbeiter. Auf sich selbst. Er zündet sich eine Zigarette an, wippt mit seinem Sessel zurück und denkt: „Endlich greift die Strategie. Endlich geht's nach oben."

Vor drei Jahren hat er angeregt, Hierarchien abzuschaffen und Teams zu gründen, die ressortübergreifend für Projekte verantwortlich zeichnen. Er wollte Synergien nutzen, Wissen bereithalten, im Sinne der Wissenschaft arbeiten und auf persönliche Eitelkeiten verzichten. Die gesamte IT wurde erneuert, um weltweit und nahezu in Echtzeit zu kommunizieren. Jeder Teamarbeiter hat nun Zugriff auf die Daten, kein Informationsverlust hemmt die Prozesse. Und so ist es konsequent, wenn auf dem Titel des Geschäftsberichts nur ein einziges Wort das tiefe Rot des Corporate Designs durchbricht: Innovation.

Kai-Uwe Riehling blättert. Das gestrichene Papier fühlt sich seidig an, gibt den künstlerischen Fotos eine Brillanz. Rund um die Welt reiste der Fotograf. Von Kanada bis Singapur suchte er seine Motive. Menschen. Forschung. Grenzenlose Kommunikation. Heraus kam: Kunst. Und der Text! Wie eine Reisereportage zieht er seine Kreise um die Konzernstandorte. So unterschiedlich die Regionen sind, so fremd die Kulturen scheinen, so sehr eint das Gefühl, gemeinsam an einem großen Projekt zu arbeiten, gemeinsam zu forschen für die Gesundheit der Menschen im Kampf gegen multiresistente Keime.

Kai-Uwe Riehling liest sich durch den Tag. Er schlägt die letzte Seite zu und denkt: „Klasse Bericht. Aber: Irgendwas fehlt." Und während er sich zur Decke streckt, blitzt ein Gedanke auf: Interaktivität. Plötzlich weiß Riehling, dass er die Menschen weltweit einbeziehen will in das Selbstverständnis des Unternehmens. Der Geschäftsbericht soll als digitale Version erscheinen, mit Videos, Audios, mit Downloads und Links. Mehr noch. Nach diesem Erfolgsjahr wird es den Geschäftsbericht erstmals als App geben. Der Chef öffnet die Bürotür, dreht das Schild um. Zum Gespräch bitte.

Digital ist Trend

Es ist kein Novum mehr, Geschäftsberichte als XML-Version ins Netz zu stellen. Aber es ist nach wie vor eine Herausforderung, diesen Medienkanal in seiner ganzen Breite und Tiefe zu nutzen. Kai-Uwe Riehling unterstreicht mit seiner Idee die Innovationskraft seines Unternehmens für Medizintechnik. Und wenn Sie Ihren Bericht ebenfalls in einer interaktiven Online-Version veröffentlichen, dann erhöht das Ihr Suchmaschinen-Ranking und steigert Ihre internationale Bekanntheit.

→ Fügen Sie kleine Filmsequenzen ein, um Ihre Leistung zu visualisieren.
→ Stellen Sie Ihr Mission-Statement im Audioformat ein.
→ Der Trend geht eindeutig hin zu einer integrierten Kommunikation, zu einem Geschäftsbericht plus Nachhaltigkeitsbericht als Gesamtheit.

→ Verwenden Sie Links als Querverweise auf Ihre Website oder Ihren Corporate Blog. So vermeiden Sie Redundanzen und erhalten den Lesefluss.

→ Sorgen Sie für eine ausgefeilte Navigation durch markierte Schlüsselwörter, um Themen weiter aufzufächern oder um zu Rubriken und weiteren Themenseiten Ihres Unternehmens zu gelangen.

→ Bieten Sie dem User Zahlenspiele: Wo stand Ihr Unternehmen vor fünf Jahren? Wo steht es heute? Wie sehen die Ziele und Prognosen aus?

→ Ermöglichen Sie die Suche mit Schlagwörtern und verlinken Sie mit unternehmensrelevanten und aktuellen Themen.

→ Geben Sie Hinweise auf Ihre Social-Media-Aktivitäten.

Es ist sinnvoll, beide Versionen – Print und online – zu erstellen. Denn sie bedienen verschiedene Kanäle im besten Sinne einer Cross-Media-Kommunikation. Dem Sprint durchs Netz, dem Ruf nach Interaktivität setzt eine Lektüre ruhige Momente mit haptischer Note entgegen – wenn das Drehbuch stimmt. Nicht die Stanzungen durch 150 Seiten, nicht die edle UV-Lackierung auf dem Titel oder ein Schuber im Unternehmensdesign spiegelt Ihre Kompetenz. Sie können goldene Schleifen um die Seiten binden und mit großem Paukenschlag den Bericht präsentieren, wenn die Sprache nachlässig oder lieblos wirkt, bleibt Ihr Projekt ein Trauerspiel für 40.000 Euro und mehr.

Deshalb möchte ich mit Ihnen nun einen Blick auf die beiden Teile des Geschäftsberichts werfen und auf die Textsorten, die den Spannungsbogen gestalten.

1. Zahl trifft Wort: der Rechenschaftsteil im Geschäftsbericht

Der Geschäftsbericht bedient die Pflicht zur Rechenschaft und beeindruckt mit der Kür. Und genau darin liegt die Krux im Projekt: Auf der einen Seite erwarten die Analysten und Wirtschaftsjournalisten eine sachliche Aufarbeitung der Zahlen und Fakten. Auf der anderen Seite lassen sich Mitarbeiter, Kunden und Interessenten gerne ein auf die große Show der Jahreshighlights. Beides ist möglich.

Für die Rechenschaft gibt es enge gesetzliche Vorgaben. Die regelt das Handelsgesetzbuch in den Paragrafen 264a und 325. Je nach Gesellschaftsform Ihres Unternehmens sind Sie verpflichtet, folgende Angaben zu veröffentlichen:

→ Jahresabschluss und Lagebericht
→ Konzernabschluss und Konzernlagebericht
→ Corporate Governance
→ Bericht des Aufsichtsrates
→ Bestätigungsvermerk

Durchschnittlich 80 bis 100 Seiten eines Berichts füllen sich mit diesen Angaben. Hinzu kommen diese:

→ Rechenschaft über Gewinn und Verlust
→ Risiko- und Chanceneinschätzung
→ Erläuterung der Strategie
→ Ergänzend: Standorte, Glossar, Termine und Impressum

Im Rechenschaftsteil bleibt die Sprache nüchtern, gar technisch. Sie berührt nicht, sie erklärt. Sie unterstreicht ein Zahlenwerk aus Tabellen und Grafiken. Verwenden Sie hier folgende Gestaltungselemente:

→ Grafiken wie Torten- oder Balkendiagramme sowie Tabellen mit Legenden, um die Daten und Fakten zu visualisieren
→ Farbmarkierungen in Tabellen, um Abweichungen zu kennzeichnen
→ Blocksatz in Spalten, um Ruhe zu vermitteln und einen Kontrast zum kreativen Teil zu setzen
→ Zwischenüberschriften im Text, um Informationen auf einen Blick zu liefern
→ Farblinien am oberen oder seitlichen Rand, um die Rubriken zu kennzeichnen

Widmen Sie diesem Teil Ihres Geschäftsberichts größte Sorgfalt. Hier geht es nicht um Kreativität, sondern um eine juristisch einwandfreie Darstellung. Sie sind gut beraten, wenn Sie einen Experten zu Rate ziehen, der Ihnen die Kriterien nennt, die Sie berücksichtigen müssen. Kaum eine Agentur wird Ihnen adäquate Antworten liefern, es sei denn, Ihr Dienstleister ist auf die Finanzberichterstattung spezialisiert.

Fragt mich ein Unternehmen nach einem Stillektorat für den Geschäftsbericht, so weise ich mit Bedacht darauf hin, dass ich den Zahlenteil lediglich Korrekturlesen werde. Um ihn zu lektorieren, bedarf es juristischer Kenntnisse und der Anleitung eines Wirtschaftsprüfers. Für beides eignet sich ein Stillektorat nicht. Zwar müssen Rechtschreibung und Grammatik korrekt sein, zwar soll der Textaufbau logisch und transparent erscheinen und der Stil gut lesbar und fernab von Behördendeutsch wirken, Pirouetten jedoch sind in der Rechenschaft fehl am Platz. Diese Bühne finden Sie im Imageteil am Anfang des Berichts. Hier darf die Sprache tanzen.

2. Lächeln fürs Image: Wort und Bild im Geschäftsbericht

Endlich kommt die Kür. Der Text macht das Tempo auf den Imageseiten. Er flirtet mit dem Leser, verführt zum Lächeln, zum Eintauchen ins Unternehmen. Bilder locken auf die Seiten und Farben geben Impulse. Mit dem Imageteil geben Sie Ihrem Jahr ein Gesicht:

→ Zeigen Sie die gesamte Bandbreite Ihres Corporate Designs aus Schrift, Farbe und Bildsprache.

→ Arbeiten Sie mit Kapitelauftaktseiten, mit farbflächigen Seiten, die ein Schlaglicht auf die folgenden Inhalte werfen.

→ Setzen Sie Headlines und nutzen Sie Teaser, um Appetit auf den Text zu machen.

→ Verschmelzen Sie Wort und Bild, beides erscheint als Einheit. Durch Ihre Bild- und Wortsprache betonen Sie Ihr Corporate Publishing. Das macht Sie am Markt unverwechselbar.

→ Spielen Sie mit Bildern als Großaufnahmen, als Fotostrecken, als Bildmarken oder Szeneneindrücke.

→ Nutzen Sie die Bildunterschriften für eine Extrainformation und nicht für eine Wiederholung aus dem Kapiteltext.

→ Farbige Seitenregister und -linien führen den Leser.

→ Beleben Sie die Marginalspalte mit Zitaten oder mit Schlüsselsätzen zum Kapitel.

Die Sprache im Geschäftsbericht

Für mich steht und fällt das Niveau eines Geschäftsberichts mit der Sprache. Mit ihr erreichen Sie Vertrauen und Nähe und lassen Ihre Unternehmenskultur durch die Zeilen schimmern. Kommen Sie leise daher nach dem Motto: nicht klotzen, sondern kleckern. Loben Sie sich bei Erfolgen nicht selbst in den Himmel und begeben Sie sich nicht auf „BILD"-Zeitungs-Niveau mit großen, fetten Lettern. Glauben Sie mir: Besser geht es mit Bescheidenheit.

Beispiel

Schreiben Sie bei einer Erfolgsmeldung nicht: Wir haben es allen gezeigt: Wir sind Sieger der Branche.

Erklären Sie stattdessen die Gründe: Dass wir das beste Ergebnis seit unserer Gründung erzielen, das verdanken wir dem Know-how und dem Engagement unserer Mitarbeiter. Unsere Strategie „Zukunft" zeigt erste Erfolge: Wir haben unsere Standorte in München geschlossen. Das spart hohe Betriebskosten. Wir haben unser Werk in China eröffnet. Das ermöglicht eine kostengünstigere Produktion in einem aufstrebenden Markt.

Einzig das konsequente Beharren auf Authentizität, auf eine Wort- und Bildsprache im Stil Ihres Unternehmens macht Ihren Bericht seriös. Sehen wir uns die verschiedenen Textsorten an, die im Bericht vorkommen können.

Titel: Ihr Eyecatcher auf der ersten Umschlagseite

Das ist der Raum für Ihr Jahresmotto, der Platz für Ihr Logo. Die Titelseite erhält Signalwirkung durch wenige Worte, durch ein Fotomotiv oder eine

Fotostrecke zum Jahr. Lassen Sie Ihr Corporate Design durch Schrifttyp, Farben und Seitenaufteilung ins Auge stechen. Die erste und letzte Außenseite Ihres Berichts umfasst wie ein Buchcover den Inhalt und löst einen ersten Impuls zum Blättern aus.

→ Lassen Sie ein Bild sprechen. Ganzseitige Covermotive bewirken einen Magazincharakter.
→ Geben Sie dem Jahr ein Motto: Riehling & Willer entschieden sich für das Wort „Innovation“.
→ Feiern Sie ein Jubiläum? Zahlen können das beweisen: „1993 bis 2013“, diese Zeile spricht für sich.

Textton auf der Titelseite: Knackig, kurz und als Jahresmotto formuliert überschreibt der Titel Ihre Jahresstory.

Mission-Statement: was Sie leitet

Diese Sätze sind Ihr Credo. Sie bilden die Essenz Ihrer Leistung und Unternehmenskultur. Damit werfen Sie einen ersten Lichtkegel auf Ihr Corporate Wording. Widmen Sie dem Mission-Statement eine Seite weit vorne im Geschäftsbericht, sagen Sie Ihrem Leser, wofür Sie stehen, was Sie leisten, was Sie können, woher Sie kommen und wohin Sie wollen.

Textton im Mission Statement: Formulieren Sie Ihr Leitbild in einer klaren, verständlichen Sprache. Sie darf gefühlvoll sein und immer zuversichtlich. Mitarbeiter müssen diese Sätze inhalieren und leben.

Mission Statement

Die Riehling & Willer AG, Köln, forscht seit 50 Jahren im Bereich Medizintechnik.

Als internationales Unternehmen entwickeln wir gemeinsam mit Medizinern, Biochemikern und Hygienikern Methoden, um multiresistente Keime in Krankenhäusern zu verhindern und abzutöten.

Die Gesundheit der Menschen liegt uns am Herzen und ist die Motivation für unsere Arbeit.

Wir bilden uns weiter und setzen Standards durch die Entwicklung neuer IT-Technologien, um einen Informationsfluss in Echtzeit zu gewährleisten.

Es ist uns eine Herzenssache, dass sich unsere Mitarbeiter fachlich und persönlich weiterentwickeln.

Wir sorgen für eine Work-Life-Balance, die Glück und ein gutes Lebensgefühl unserer Mitarbeiter ermöglicht. Jede Entscheidung treffen wir mit einem tiefen Bewusstsein für den Schutz der Umwelt und für die Zukunft der nächsten Generationen.

Unsere Haltung gegenüber Kollegen, Mitarbeitern, Partnern und Kunden ist geprägt von Wertschätzung und Vertrauen.

Darauf sind wir stolz.

Inhaltsverzeichnis: Schlaglicht auf die Kapitel

Würden Sie die Stoppuhr während des Durchblätterns laufen lassen, so wären jetzt drei Minuten vorbei. In dieser kleinen Zeitspanne hat Ihr Leser den Titel angesehen, einen ersten Blick auf die Kennzahlen geworfen, das Mission-Statement gelesen und ist beim Inhaltsverzeichnis angelangt. Er hat geblättert, abgeschätzt und murmelt nun: „Das Cover gefällt mir. Schön gemacht. Es fühlt sich auch gut an. Die ersten Kennzahlen zeigen, dass sich der Gewinn nahezu verdoppelt hat! Und das in Krisenzeiten. Wie machen die das bloß? Und die Leitsätze sprechen mir irgendwie aus der Seele. Die reden von Work-Life-Balance, von beruflicher und persönlicher Weiterentwicklung. Von Teilhabe am Erfolg. Toll. Und: Dieses Unternehmen hat Respekt vor der Umwelt. Genau wie ich." Der Leser ist ein wenig gerührt. Das muss er auch sein. Denn die Entscheidung, ob er sich durch Ihr Unternehmensjahr lesen wird, die fällt jetzt. Ja! Er bleibt. Er wagt sich an die Headlines der Kapitel – und empfindet Ihr Inhaltsverzeichnis als Einladung für die Reise durchs Jahr.

Gestalten Sie das Inhaltsverzeichnis mit viel Liebe zum Detail. Gehen Sie weit hinaus über ein trockenes Aufzählen der Kapitel. Geben Sie Farben zur Orientierung hinzu, werfen Sie kleine fotografische Schlaglichter auf die Kapitel und vor allem: Legen Sie Wert auf gute Headlines.

→ Sie sind kurz, griffig und assoziativ: „Neues Logo: Aufbruch in die Zukunft".

→ Sie enthalten eine erste klare Botschaft zum Kapitel: „Mit Knalleffekt: Startschuss für die Strategie Zukunft".

→ Sie machen neugierig auf den Inhalt: „Im Gespräch: US-Forscherteam entdeckt, wie Glück im Gehirn blinkt".

→ Sie versprechen einen Nutzwert: „Social Media im Visier: Fluch und Segen auf einen Blick".

→ Sie erreichen Aufmerksamkeit, aber stiften keine Verwirrung: „Kunstmarkt: Vom Nobody zum Szenestar".

Formulieren Sie Ihre Headlines im Imageteil in ähnlichem Rhythmus. So werden sie zum Stilelement und führen den Leser verlässlich durch die Kapitel. Das ändert sich erst im Rechenschaftsteil.

Vorstandsbrief: Guten Tag, liebe Leserin, lieber Leser

Ein Brief ist ein Brief ist ein Brief – und kein Bericht. Ein Brief beginnt mit einer Anrede und endet mit einem Gruß und der handschriftlichen Signatur des Vorstandsvorsitzenden. Damit erhalten die Zeilen ein großes Gewicht. Der CEO spricht den Leser persönlich an. Er verwendet die Pronomen *Sie*, *wir* und *ich*, spricht nicht über sein Unternehmen in der dritten Form Singular. Seine Botschaften wirken substanziell. Er erklärt die Strategie im Jahr, würdigt die Leistung der Mitarbeiter, erläutert die Inszenierung des Geschäftsberichts und scheut sich nicht, Niederlagen und Rückschläge zu benennen, Verantwortung zu übernehmen und zugleich zu zeigen, wie er eine Wiederholung vermeiden wird. Er hält seinen Kopf hin für jede Wendung im Jahr. Ein Vorstandsbrief ist ehrlich und authentisch. Es wäre schade, würden Sie diese erste Chance auf Nähe durch Plattitüden verschenken.

Textton im Vorstandsbrief: Ein Wechsel aus kurzen und langen Sätzen wirkt angenehm, eine klare Haltung sowieso. Auch Demut ist nicht fehl am Platz und der Stolz auf die Leistung der Mitarbeiter gehört genau an diese Stelle. Die Struktur des Briefs, die Wortwahl und der gefällige Stil werfen ein Licht auf das gesamte Unternehmen. Weder Schachtelsätze noch Behördendeutsch oder Fachausdrücke sind hier erwünscht. Nähe erzeugen Sie durch eine Sprache im Aktiv. Überraschen Sie mit Verben, die jenseits von „haben", „sagen", „machen" stehen. Wählen Sie besser Ausdrücke wie Ärmel hochkrempeln, entwickeln, kreieren, verändern, vorausschauen, erreichen, sprinten, querdenken, vorausdenken, entwerfen, bedanken. Am Ende des Briefs glaubt der Leser eine Ahnung zu verspüren vom Charisma des Schreibers.

Die Welt verändert sich. Wir auch. Was gestern galt, hat heute seinen Glanz verloren. 2013 war das Jahr des Wandels. Wir haben ihn mitgetragen, mitgestaltet und eine Idee von Zukunft kreiert. Was herauskam, das zeigen wir Ihnen auf den nächsten 120 Seiten. Ich werde Ihnen die Ergebnisse unserer Strategie „Zukunft" aufschlüsseln. Ich werde Ihnen die Kennzahlen des Jahres erläutern und Sie mit diesem Bericht in die entlegenen Ecken dieser Welt führen. Lassen Sie mich Ihnen vor Augen führen: Wir leben gemeinsam auf einer Erde, um sie zu schützen, um Sie für unsere Kinder und Kindeskinder zu bewahren. Das sehen wir als unsere erste Aufgabe an …

Storytelling: Bild und Wort machen Tempo

Zeit für Performance. Raum für Kunst. Der Imageteil im Geschäftsbericht gleicht einer Bühne für den großen Auftritt. Wenn es Ihnen auf diesen 15, 30 oder mehr Seiten gelingt, eine spannende Story darzubieten, fliegen Ihnen die Leserherzen zu. Aber Achtung: Es gähnt die große Gefahr, dem Leser Werbeslogans entgegenzuschmettern. Tun Sie es nicht. Setzen Sie in Ihrer Dramaturgie auf Inhalte, die Sie in Geschichten packen und mit Fotos färben. Fächern Sie Ihre Leistung spielerisch, künstlerisch und wissenschaftlich auf, was auch immer zu Ihrem Unternehmen passt.

Textton im Imageteil: Das Zauberwort heißt Storytelling. Geschichten mit einer Handlung bleiben um ein Vielfaches besser im Gedächtnis haften als nackte Informationen. Deshalb: Gestalten Sie die Seiten mit kreativen Einfällen. Verwenden Sie Teaser, die Neugierde wecken. Schreiben Sie in klassischer Struktur mit Einleitung, Hauptteil und Schluss. Versprechen Sie stimmungsvolle Momente. Der Ton ist leicht und sympathisch. Schreiben Sie eher eine Reportage als eine Meldung nach dem Motto: show, don't tell. Wenn Sie zum Beispiel Ihre neuen Verkaufsräume vorstellen wollen, beschreiben Sie, wie die Kunden reagieren, was Sie sehen, fühlen, schätzen. Bringen Sie Zitate und geben Sie Ihren Storys Glaubwürdigkeit. Verzichten Sie im Imageteil auf Fremdwörter, die das Verständnis hemmen, denn die lassen den Leser stolpern. Vermeiden Sie Wiederholungen. Die langweilen. Besser ist es, mit Querverweisen zu arbeiten und damit die Leser im Heft zu halten. In diesem Teil des Berichts machen Sie Tempo. Lassen Sie die Marke glänzen wie ein Juwel.

Unternehmensprofil: die Chronik im Bericht

Nun möchte Ihr geneigter Leser mehr erfahren. Legen Sie ihm die Fakten vor:

→ Wann wurde das Unternehmen gegründet?
→ Wie veränderte sich die Position am Markt?
→ Wie setzt sich das Portfolio zusammen?
→ Welche Werte sind heute leitend?
→ Was treibt das Unternehmen an?

In einem Unternehmensprofil und einer kleinen Chronik bis zur Gegenwart erklären Sie Ihrem Leser, wer Sie sind. Mit einer Tonalität aus Stolz und Schwung positionieren Sie sich als kommunikationsstarkes Unternehmen, bevor die Daten und Fakten den Erfolg belegen.

Textton im Unternehmensprofil: Schritt für Schritt vollzieht Ihr Leser die Unternehmensentwicklung nach. Lassen Sie ihm Zeit, Ihre Leistung zu erfassen. Geben Sie durch eine chronologische Struktur vor, welche Stationen Sie wichtig finden.

Dieses Kapitel ist ein kleiner Exkurs in die Vergangenheit und ein Ausblick in die Zukunft. Hier weht ein objektiver Ton, der sich in den Folgekapiteln verstärken wird.

Berichterstattung: Cut. Es folgt die Sachlichkeit

Jetzt beginnt der Rechenschaftsteil. Die Farben verlieren ihre Intensität. Fotos verschwinden von den Seiten. Weißraum macht sich breit zwischen Zahlen und Tabellen. Der zweite Teil des Geschäftsberichts zeigt ein ernstes Gesicht. Er ist geprägt von der Konzentration auf das Wesentliche, auf die Daten und Fakten des Jahres. Es geht um den Konzernabschluss, den Jahresabschluss samt Bilanz, Gewinn-und-Verlust-Rechnung, um die Liquidität und um die Finanzierung. Es geht um den Lagebericht, der die Risiken und Chancen, die Ziele und Strategien beschreibt. Transparenz ist gefragt. Eine Erklärung im Anhang schlüsselt die Grundsätze der Rechnungslegung auf, erläutert die relevanten Vorschriften nach IFRS, HGB, Gesellschaftsvertrag und Satzung auf.

Textton im Rechenschaftsteil: Schreiben Sie lesbar und verständlich, aber juristisch abgesichert nach allen Seiten. Was geschah zwischen zwei Jahresstichtagen? Über welche geschäftliche Entwicklung können Sie berichten? Adjektive und Gefühle haben hier keinen Platz, Kommentare ebenso wenig. Es geht einzig und allein um Fakten, Zahlen und Prognosen. Entsprechend kühl ist der Stil. Allerdings geht es auch hier nicht ganz ohne Storytelling: Der Leser will wissen, warum sich Umsätze verschieben, Krisen breitmachen oder Erfolge gefeiert werden. Schicksal oder Leistung? Erzählen Sie davon.

Spracheleganz und Sprachpflicht

Der Geschäftsbericht gilt als Werk, das von Nachhaltigkeit und Entwicklung berichtet und gleichsam die Kommunikationsstrategie abbildet.

Interview

Kaum jemand kann den Wert eines solchen Jahresprojekts besser begründen als **Professor Rudi Keller**, Leiter Sprache in der Jury des „manager magazins" für die besten Geschäftsberichte. Er hat mit seinem Buch „Der Geschäftsbericht" ein Standardwerk geschrieben und Regeln für die Sprache im Bericht entworfen.

Professor Keller, was zeichnet den Sieger „Bester Geschäftsbericht" aus?
Ein Geschäftsbericht ist ein Gesamtkunstwerk aus Inhalt, Sprache und Gestaltung. Diese drei Bereiche sollten miteinander im Einklang stehen. Eine todschicke Gestaltung kann kontraproduktiv wirken, wenn sie mit einem drögen, bürokratischen Text kombiniert ist. Eine übertrieben werbliche Imponierdiktion passt nicht zu einem mediokren Geschäftsverlauf.

Wie erkennen Sie an der Sprache eine Corporate Identity?
Die Sprache muss zum Unternehmen, zur Branche passen. Ein Kosmetikunternehmen kann sich sprachlich anders präsentieren als ein Finanzdienstleister. Erstrebenswert ist in jedem Fall ein gewisses Maß an Literarizität und Bildlichkeit. Platter, schmuckloser Berichtsstil hat keinen Wiedererkennungswert. Allzu viel des Guten kann leicht peinlich wirken.

Wie bleibt ein Text zum Lagebericht verständlich?

Klare transparente Binnengliederung, logischer Textaufbau und verständliche Erläuterungen. Fachtermini, besonders die branchenspezifischen, bedürfen einer Erklärung – entweder im Text oder im Glossar.

Welche Fehler finden Sie häufig in den Berichten?

Der Autor muss sich vor allem in den Wissensstand und die Interessenlage des Lesers hineinzuversetzen wissen. Er muss gleichsam den Leser bei der Hand nehmen und ihn durch die Welt des Unternehmens führen. Die häufigsten Schwächen:

- Unnötige bürokratische Diktion: „unsere Zielsetzung ist" statt „wir haben uns zum Ziel gesetzt" oder „unser Ziel ist".
- Logische Fehler: „unsere Strategie: nachhaltiges Wachstum". Das ist keine Strategie, sondern ein (frommer) Wunsch, zu dessen Erfüllung man dann eine Strategie bräuchte.
- Terminologische Fehler: „ein Beschaffungsrisiko kann dadurch entstehen, dass ein Lieferant ausfällt". Dadurch entsteht kein Risiko, sondern ein Schaden. Das Risiko besteht in der Möglichkeit des Schadens; es besteht auch dann, wenn kein Lieferant ausfällt – weil einer ausfallen könnte.
- Funktionslose Schönfärberei: „In China haben wir 500 neue Arbeitsplätze geschaffen, während wir in Deutschland Kapazitätsanpassungen vornehmen mussten." In beiden Fällen handelt es sich um Anpassungen! Im einen Fall nach oben, im anderen nach unten. Warum sollte man Personalabbau nicht beim Namen nennen? Mit solchen Mitteln kann man lediglich den Eindruck erwecken, als wolle man den Leser täuschen – was ja faktisch nicht geschieht.

Welchen Rat können Sie den Textern der Seiten geben?

Schreiben Sie einen ehrlichen, aufrichtigen, wohlstrukturierten Text. Versetzen Sie sich beim Verfassen des Textes in die Rolle Ihres Lesers und versuchen Sie, ihm die Welt Ihres Unternehmens zu erläutern. Geben Sie ruhig auch mal Missgeschicke und Fehler zu, wenn Sie Wert auf Glaubwürdigkeit und Vertrauen legen. Und schreiben Sie ein lebendiges, anspruchsvolles und möglichst fehlerfreies Deutsch.

Checkliste für eine gute Sprache in Ihrem Geschäftsbericht
(Verkürzt und angelehnt an den Kriterienkatalog für gutes Deutsch in Geschäftsberichten, © Professor Dr. Rudi Keller, Heinrich-Heine-Universität Düsseldorf.)

Rechtschreibung

☐ Stimmt die Getrennt-/Zusammenschreibung?

☐ Stimmt die Groß-/Kleinschreibung?

☐ Stimmen die Worttrennungen am Zeilenende?

☐ Stimmt die Interpunktion?

☐ Sind die Schreibweisen einheitlich nach neuer Rechtschreibung?

Grammatik

☐ Prüfen Sie Singular und Plural.

☐ Prüfen Sie Tempus und Kasus.

☐ Sind die Präpositionen richtig gewählt?

Satzgrammatik, Satzbau

☐ Achten Sie auf Abwechslung bei den Satzlängen.

☐ Vermeiden Sie Schachtelsätze.

☐ Sind Satzsequenzen abwechslungsreich gestaltet?

☐ Entspricht die Satzstruktur dem Themenfokus?

Wortwahl

☐ Vermeiden Sie Fachbegriffe.

☐ Erklären Sie Abkürzungen.

☐ Ist die Wortwahl angemessen und abwechslungsreich?

☐ Streichen Sie Floskeln.

☐ Streichen Sie Wortwiederholungen.

☐ Ist die Wortwahl lebendig und anschaulich?

☐ Sind die Metaphern passend?

Stil

☐ Vermeiden Sie Bürokratendeutsch.

☐ Verwenden Sie Verben statt Substantivkonstruktionen.

- ❑ Schreiben Sie aktiv statt passiv.
- ❑ Vermeiden Sie Genitivketten.
- ❑ Ist der Text in einem narrativen Stil verfasst?
- ❑ Ist eine Dramaturgie erkennbar?
- ❑ Wird eine unpersönlich-protokollhafte Diktion vermieden?
- ❑ Ist ein Leitmotiv/eine Botschaft im Text erkennbar?
- ❑ Gibt es besondere Leseanreize?

Aktionärsbrief

- ❑ Stellt sich das Unternehmen dem Leser vor?
- ❑ Enthält der Text ein Vorwort des Vorstandsvorsitzenden oder einen Aktionärs-brief?
- ❑ Weckt das Vorwort/der Brief Interesse weiterzulesen?
- ❑ Entspricht die Botschaft des Vorworts/Briefs dem Rang des Unterzeichnen-den?
- ❑ Ist der Brief persönlich formuliert und im Briefstil verfasst?

Textaufbau

- ❑ Wurde der Text wohlgeordnet und transparent aufgebaut?
- ❑ Werden störende Redundanzen vermieden?
- ❑ Ist die Argumentation klar, stringent und plausibel?
- ❑ Werden Zusammenhänge erläutert und nicht nur grafisch dargestellt?
- ❑ Wird der Leser mit sprachlichen Signalen durch den Text geführt?
- ❑ Stimmt die Argumentation und bleibt ein roter Faden erkennbar?
- ❑ Gibt es Querverweise?

Textgestaltung

- ❑ Werden Aufzählungen optisch gegliedert?
- ❑ Sind die Diagramme und Tabellen in den Text einbezogen?
- ❑ Sind ein Glossar und ein Stichwortverzeichnis vorhanden?
- ❑ Sind die Stichwörter sinnvoll ausgewählt und verständlich erläutert?

Textgliederung

- ❑ Transportieren die Überschriften eine Botschaft?
- ❑ Passen die Überschriften formal und logisch zueinander?

☐ Entsprechen die Überschriften den Inhalten der Abschnitte beziehungsweise der Kapitel?

☐ Gibt das Inhaltsverzeichnis den Textaufbau korrekt wieder?

Bis zu diesem letzten Check sind neun Monate vergangen. Sie haben viel geleistet. Und doch sind Sie nicht am Ende angelangt, Sie wissen ja: Nach dem Spiel ist vor dem Spiel. Aber schieben Sie erst einmal den Projektordner weit nach hinten ins Regal. Entspannen Sie die Muskeln. Auch die Kreativität braucht eine Pause für neue Geistesblitze.

Reden: Choreografie mit Worten

Reden ist anders als Schreiben. Die Worte kommen leichter daher, spielen mit Stimmungen und verflüchtigen sich, kaum sind sie ausgesprochen. Und doch bleibt ein Eindruck. Vom Redner, wenn er sympathisch und authentisch wirkt. Vom Inhalt, wenn er Substanz enthält. Eine Rede zu halten oder eine Präsentation zu gestalten, das ist eine Herausforderung. Weil Wort und Person im besten Fall verschmelzen. Weil Gesagtes sich vermischt mit Gesten und Mimik, mit rhetorischen Stilmitteln, mit Charme und Wissen.

Gesprochene Worte können den Wert eines Pressetextes, eines Fachbeitrags, gar eines Buchs erreichen. Und manchmal klammern sie sich in den Gedanken der Zuhörer fest. „Ich bin ein Berliner", rief John F. Kennedy 1963 den Menschen vor dem Schöneberger Rathaus zu. Das Nicken seines Kopfes markierte jede einzelne Silbe, seine rechte Hand streifte am Ende des Satzes das Jackett in Herznähe. Sätze und Gesten können die Zeit überdauern.

Auch wenn Experten oft sagen, nur wer schreibe, bringe seine Karriere voran, halte ich dieser These gerne entgegen: Wer gut reden kann, macht Eindruck, klettert auf der Karriereleiter eine Sprosse weiter nach oben, hält sich im Gespräch. In Zeiten von Social Media und eLearning, von virtuellen Konferenzen wächst die Sehnsucht nach einer Rede mit Lauschen, Stühlerücken und Zwischenrufen, nach einem Menschen, der sich zwischen den Wissenswelten bewegt für 30 Minuten und länger.

Reden können beruhigen, aufrütteln, überraschen. Sie können berühren, wie Kennedy das mit nur einem einzigen Satz und einer Geste tat. Sie werden in Ihren Businessreden mit großer Wahrscheinlichkeit nicht die Welt bewegen, aber Sie sollten immer Ihre Zuhörer durch Sachverstand und gute Vorbereitung beeindrucken. Das erhöht Ihre Selbstsicherheit, lässt Sie spontan und gewandt erscheinen. So erinnert man sich an Sie, wenn es demnächst um die Frage geht: Wer steigt auf im Job? Sachverstand und gute Vorbereitung wecken Respekt bei anderen und minimieren die Gefahr von Lampenfieber.

Vor den Erfolg jedoch haben die Götter den Schweiß gesetzt und der tropft bei der Erarbeitung einer Rede oder einer Präsentation in Strömen. Richten Sie sich also auf einen Projektberg ein, wenn es heißt: Schreiben Sie mal eine Rede. Klimpern Sie nicht sofort in die Tasten, sondern überlegen Sie zunächst, was eine gute Rede ausmacht.

Elf Merkmale einer gelungenen Rede

→ Sie wird nicht verlesen, sondern weitgehend frei gesprochen.
→ Sie hat eine Botschaft und bringt Thesen, Argumente und Beispiele vor, um diese Botschaft aufzufächern.
→ Sie wird in Inhalt und Tonalität dem Anlass gerecht.
→ Sie passt zum Stil und zur Persönlichkeit des Vortragenden.
→ Sie wirkt klar strukturiert, intelligent aufbereitet und berücksichtigt den Faktor Gefühl.
→ Sie hat einen Anfang, ein Ende und dazwischen baut sie Spannung auf.
→ Sie wechselt das Tempo aus schnell und langsam und die Lautstärke aus laut und leise.
→ Sie spielt mit Satzlängen.
→ Sie füllt die Zeit, ohne sie zu dehnen oder zu überziehen.
→ Sie garniert den Inhalt mit Zitaten, Beispielen und Metaphern. Sie scheut sich nicht, Appelle zu formulieren.
→ Sie nimmt den Hörer mit vom Anfang bis zum Ende.

Die Botschaft im Schweigen

Ein Windstoß weht über den altehrwürden Platz in Rom und verfängt sich in den Falten des samtenen Vorhangs. Seine Schwere gibt keinen Spalt frei, trotzt dem Wind und den Blicken Tausender Menschen. Ein Schatten huscht vorüber, verschwindet, erscheint, steigert die Spannung und verrät: Gleich wird etwas geschehen. Der Schatten hinter dem Vorhang reicht aus für ein Raunen und einen zögerlichen Applaus, der sich mehrt und seinen Rhythmus findet. Jubel brandet auf. Der gleitet über die Steine, wirft ein Echo zwischen die 500-jährigen Fassaden. Auf einmal scheint der Himmel nah. Kein Drehbuch zum Film könnte die Dramaturgie jenes Abends des 13. März 2013 berührender inszenieren als die Wirklichkeit. Habemus papam! Vor wenigen Minuten stieg weißer Rauch aus dem Schornstein der Sixtinischen Kapelle auf und die Gläubigen versammeln sich auf dem Petersplatz in Rom, erwarten einen großen Auftritt. Ein Tag schreibt Geschichte. Endlich. Der neue Papst tritt durch den roten Vorhang auf den Balkon, hebt langsam die Hand zum Gruß – und schweigt. Eine gefühlte Ewigkeit vergeht in Stille. Kein einziges Wort in keiner Sprache dieser Welt hätte mehr Nähe ausdrücken können als diese Geste in Demut. Papst Franziskus inhaliert die Energie der Menschen, die ihn erwartet haben. Er scheint zu denken: Ich verstehe euch, ich bin bei euch, lasst uns miteinander sein. Und dann redet er mit einfachen Worten: „Brüder und Schwestern, guten Abend. Wie ihr wisst, war es die Pflicht des Konklaves, Rom einen Bischof zu geben. Wie es scheint, sind meine Kardinalsbrüder nahezu bis ans Ende der Welt gegangen, um ihn zu bekommen ... Aber hier sind wir (...) Ich danke Euch für den Empfang. Die Diözesan-Gemeinschaft von Rom hat ihren Bischof: Danke!"

Ein Satz zum Festhalten

Hätte Papst Franziskus in seiner Antrittsrede auf dem Balkon die lateinische Litanei gebetet, kein Journalist hätte den Stift gezückt. Das tat er aber nicht. Er zeigte zum Himmel und weit hinter sich und ließ alle wissen, er komme vom Ende der Welt. Da hüpfte das Journalistenherz und notierte die Schlagzeile für den nächsten Tag. Nahezu alle Zeitungen titelten gleich und so ging eine Headline über die Kontinente bis ans Ende der Welt bis nach Argentinien. Welch ein Lehrstück. Ich möchte Ihre Aufmerksamkeit auf einen solchen Schlüsselsatz lenken, den jede Rede enthalten sollte, damit den Zuhörern Ihre Botschaft lange im Gedächtnis bleibt.

Das Beispiel zeigt noch einen weiteren Aspekt einer gelungenen Rede: Eine intensive Wirkung erreichen Sie erst, wenn Worte und Gesten im Einklang sind und wenn der Redner seinen Zuhörern auf Augenhöhe begegnet. Das gilt für die Antrittsrede des Papstes und für jede Rede im Unternehmen, auf Hochzeiten, zu Einschulungen, für jedes Seminar und für jede Präsentation. Ein schlichtes „Guten Abend, liebe Gäste" klingt herzlicher als „Meine sehr verehrten Gäste". Holen Sie Ihre Zuhörer schon mit der Begrüßung ab. Seien Sie ein Menschenfänger, kein Prediger.

Ebenso unpassend ist der gänzlich gegenteilige Ton mit Begrüßungssalve: „Hallo zusammen. Reißen wir die Hände zur Decke und rufen: ‚Schön, dass wir hier sind!'" Ich finde die Tschaka-Tschaka-Clowns mit ihren Animationswirbeln anstrengend. Oftmals wirkt es, als solle die Lautstärke über fehlende Inhalte hinwegtäuschen. Dann wird der Puls durch Steh- und Sitzübungen nach oben gejagt, aber nicht durch Substanz. Auch die sogenannten Fachreferenten, Wissenschaftler erster Güte, verstehen es nicht immer, Menschen für ihre Thesen zu begeistern. Wie erfroren stehen sie am Rednerpult. Die Gesten fehlen. Und die Worte? Die reihen sich aneinander und bilden eine Kette aus vielen, vielen Fachbegriffen – dann gähnt der Zuhörer und klinkt sich aus. „Sehr geehrte Zuhörerschaft, heute befassen wir uns mit einer von mir begonnenen und im letzten Sommer beendeten und in der Fachliteratur schon seit geraumer Zeit berücksichtigten Untersuchungsreihe zur Gewinnung von Licht und der Umwandlung in elektrische Energie durch Solarzellen …" Sehen Sie Funken fliegen? Wohl kaum.

Tipp

Unternehmenspräsentationen sind keine Popkonzerte und die Vortragenden genießen keinen Starkult. Redner sollten ihre Zuhörer mitnehmen auf eine spannende Themenreise. Beginnen Sie mit dem Satz, der Ihren Inhalt pointiert. Liefern Sie die Schlagzeile zur Rede.

Im Takt der Rede

Im besten Fall halten Sie Ihre Rede frei. Das Manuskript liegt bereit. Blicke auf die Blätter sind erlaubt, mehr nicht. Sie lesen nicht, sie reden. Je freier Sie das tun, desto intensiver halten Sie den Kontakt zum Zuhörer. Bevor Sie jedoch Ihr Skript mit einer Buchstabengröße von 16 Punkt und einem Zeilenabstand von 1,5 formatieren, bevor Sie Ihre Schlüsselwörter fett markieren und Sie mit einem Packen von rund 18 Seiten für 30 Minuten Zeit vor die Leute treten, haben Sie noch eine Menge Arbeit vor sich. Beginnen Sie gleich.

Drei Schritte zur gelungenen Rede

Eckdaten sammeln, Schreibphase und Feinschliff, das sind die drei Etappen, die jeder Redner bewältigen muss.

Erste Etappe: Eckdaten festlegen

Wie lautet das Thema?
Formulieren Sie zuerst Ihre Botschaft. Was ist Ihre Kernthese? Wie lauten Ihre Argumente? Gibt es eine Gegenthese? Entscheiden Sie, wie weit Sie in Ihr Thema einsteigen: Möchten Sie es in der Gegenwart aufrollen oder weit ausholen und Ihren Inhalt aus der Vergangenheit bis zum Hier und Jetzt entwickeln? Möchten Sie es in einen aktuellen Kontext setzen oder lediglich Ihre These auffächern? Wie diese Entscheidungen ausfallen, hängt von der Zeit, von der Kenntnis der Zuhörer sowie von der Qualität der Vor- und Nachreden ab.

Wer sind Ihre Zuhörer?
Werfen Sie zuerst einen Blick auf die Einladungsliste, um das Niveau der Veranstaltung einzuschätzen. Gibt es Ehrengäste? Es ist durchaus üblich, in Google, Xing oder Facebook zu recherchieren. Damit Kommunikation funktioniert, brauchen Sender und Empfänger zumindest die grundsätzlichen Standards wie: Welches Wissen hat der andere? Welches Alter, welches Geschlecht, welche Bildung? Was werden die Zuhörer von Ihnen erwarten?

Je mehr Sie über Ihr Publikum wissen, desto eher können Sie es abholen, mitnehmen und verabschieden. Mit einer gehörigen Portion Hintergrundwissen wird es Ihnen leichter fallen, Ihr Thema in Tiefe, Breite und Tonalität auf Ihre Zuhörer abzustimmen.

Wie viel Redezeit habe Sie?

Nehmen Sie es sehr genau mit der Redezeit. Zu überziehen ist unhöflich und unter dem Limit zu bleiben irritiert. Beachten Sie bei Ihrer Vorbereitung, dass die durchschnittliche Sprechgeschwindigkeit 100 Wörter in der Minute beträgt. Für 30 Minuten benötigen Sie daher 3000 Wörter, verteilt auf rund 18 Seiten Skript im Redeformat.

Wer sind die Vor- und Nachredner?

Lassen Sie sich die Manuskripte Ihrer Vor- und Nachredner geben, damit Sie wissen, was die zum Besten geben werden. So vermeiden Sie Redundanzen und Widersprüche, zudem können Sie festlegen, mit welchen Nischengedanken Sie Ihre Rede würzen. Denken Sie an die Zuschauer: Nichts ist langweiliger als das vierte Mal zu hören, dass gerade eine Wirtschaftskrise die Unternehmensentwicklung hemmt.

Wie sind die Räumlichkeiten?

Die Location verrät viel über den Rahmen und den Wert der Veranstaltung. Sehen Sie sich bitte vor der Veranstaltung den Weg zum Raum und den Raum selbst an. Wie ist die Akustik? Brauchen Sie ein Mikrofon? Ist die nötige Technik vorhanden und wie funktioniert sie? Wie sind die Stühle und Tische angeordnet? Wo werden Sie stehen, sich bewegen? Lässt sich der Raum für eine Präsentation verdunkeln? Wird die Sonne Sie vielleicht blenden oder wird vor dem Fenster ein Presslufthammer dröhnen? Klären Sie alle Eventualitäten vorher.

Zweite Etappe: Schreibphase

Jetzt wird's ernst: Sie gliedern und schreiben Ihre Rede. Das Skript entsteht.

Die Einleitung lässt aufhorchen.

Nutzen Sie den Bonus der Aufmerksamkeit, den genießen Sie genau zwei Minuten lang. Dann will das Publikum Fakten zum Thema. Sagen Sie dem Zuschauer, was ihn erwartet, aber nehmen Sie die Pointe nicht vorweg. Werfen Sie ein Schlaglicht aufs Thema durch das Nennen einer druckreifen Headline: „FairTrade landet auf Platz eins der Weltspitze – Guten Abend, meine Damen und Herren, schön, dass Sie hier sind."

Arbeiten Sie mit einem Hang-over, um Spannung aufzubauen: „… was das bedeutet, erfahren Sie in genau zehn Minuten." Nicht eine Reihe von Grußformeln mit ausführlicher Namens- und Funktionsliste der Anwesenden reißt die Zuhörer vom Hocker. Aber eine Geste der Umarmung, so wie die, mit der Barack Obama seine zweite Amtszeit antrat, macht die Stimmung weich: „… jedes Mal, wenn wir zusammenkommen, um einen Präsidenten in sein Amt einzuführen, werden wir Zeugen der unvergänglichen Stärke unserer Verfassung. Wir bestätigen das Versprechen unserer Demokratie. Wir erinnern uns daran, dass weder die Farbe unserer Haut noch die Grundlagen unseres Glaubens oder die Herkunft unserer Namen diese Nation zusammenhalten …" Damit weckte er ein Wir-Gefühl, einen Stolz auf die Nation. Oder Sie wählen das Gegenteil: Sie überraschen, indem Sie sich outen, indem Sie polarisieren oder Ihre These derart zuspitzen, dass sich die Zuhörer wundern. Als Klaus Wowereit vor den SPD-Delegierten sagte: „Ich bin schwul – und das ist auch gut so", herrschte für eine Sekunde absolute Irritation. Der Satz wurde zum geflügelten Wort und seine Rede nicht wieder vergessen.

Und auch auf kleinerer Bühne kann ein Wir-Gefühl entstehen, können Pirouetten gelingen. Mit jedem Auftritt vor Publikum entscheiden Sie als Redner über Ihr eigenes Image und das Ihres Unternehmens.

Die Mitte hält den Spannungsbogen.

Steigen Sie mit Elan in den Inhalt ein. Arbeiten Sie sich Absatz für Absatz vor, aber bitte verlieren Sie unterwegs Ihre Zuhörer nicht. Das passiert immer dann, wenn Sie zu weit abschweifen, in einen Plauderton verfallen, die Fakten zu schwach sind, Ihre Stimme zu monoton oder Ihre Körperhaltung krumm ist. Schon Luther riet: „Tritt fest auf, mach's Maul auf und hör bald auf."

Finden Sie im Hauptteil Ihren roten Faden und pointieren Sie Ihr Thema mit Argumenten und vielleicht sogar mit einer Statistik. Lassen Sie diesen nackten Zahlen ein Gefühl folgen, um wieder leicht und elegant zur Linie zurückzufinden. Bedienen Sie die gesamte Spielart des Redens. Vor allem: Sprechen Sie Ihre Zuhörer an – nicht in der dritten Person Singular, sondern in der ersten Person Plural, nicht „Das Unternehmen hat Respekt vor seinen Kunden", sondern „Wir schätzen Sie, wir wollen Sie und wir werden Sie als Kunden gewinnen. Das ist keine Drohung. Das ist ein Versprechen."

Die Sie-Ansprache ist obligatorisch. Werfen Sie zwischendurch rhetorische Fragen ein. Auch wenn Sie keine Antwort erwarten, sondern sie selbst liefern, setzen Sie einen Impuls zum Nachdenken: „Wissen Sie, wie ich das meine? Ahnen Sie, warum mein Unternehmen sich trotz Krise derart gut entwickeln konnte? Sehen Sie das Risiko, das wir mit dieser Entscheidung tragen, und fürchten Sie, wir laufen geradezu ins offene Messer? Mitnichten. Ich sage Ihnen, warum, und damit lasse ich Sie tief blicken in ein Unternehmensgeheimnis."

Wichtig ist, dass Sie den Spannungsbogen halten. Wenn Ihnen das nicht gelingt, fassen Sie sich kürzer. Bitte zerreden Sie Ihr Thema nicht durch langatmige Ausführungen. Sprinten Sie, statt Marathon zu laufen.

Der Schluss schwingt nach.

Mit großer Wahrscheinlichkeit wird Ihr Publikum vergessen, was Sie auf Seite acht Ihres Manuskripts gesagt haben. Das ist normal. Nicht aber vergessen sollten die Zuhörer, was am Ende stehen bleibt. Verzichten Sie also auf den langen Abschied im Abspann und nutzen Sie Ihre Chance, noch einmal als Experte zu glänzen oder Ihre Mitarbeiter zu motivieren, indem Sie mit einem klugen, knackigen Satz abschließen: „Holzhacken ist deshalb so beliebt, weil man bei dieser Tätigkeit den Erfolg sofort sieht, sagte einst Einstein. Krempeln wir also die Ärmel hoch! Machen wir unseren Erfolg sichtbar, reden wir darüber. Im Netz und in der Wirklichkeit. Danke."

Sätze wie diese zeichnen Bilder im Kopf und sie sind gleichsam ein Appell, etwas zu bewegen. Ein starker Satz zum Schluss oder eine eigenwillige Pointe, ein Lichtstrahl in die Zukunft, das sind die Sahnetüpfelchen vor dem Applaus. Diese Kunst verstand auch Margaret Thatcher: „Das Geld fällt nicht vom Himmel, man muss es sich auf Erden verdienen" oder ein wenig trotziger: „Eine Dame lässt sich nicht verbiegen." Diese Sätze werden immer in Erinnerung bleiben.

Dritte Etappe: Probereden
Sie sind weit gekommen. Ihre Rede ist fast spruchreif, nur der Feinschliff fehlt. Und die Probe. Das heißt konkret Folgendes.

Schleifen Sie an Wörtern, Sätzen und Übergängen.

→ Verben machen Tempo. Sie hauchen Ihrem Text Leben ein. Ersetzen Sie deshalb Platzhalter wie diese durch die genannten oder ähnliche Verben:
  - „Sagen" durch: flüstern, analysieren, bewerten, belegen, bekennen, erklären, zählen, offenbaren, plaudern
  - „Haben" durch: eignen, besitzen, offenbaren, verfügen
  - „Sein" durch: bilden, existieren, darstellen, leben, weilen, erscheinen
→ Adjektive sind beliebt und verpönt zugleich. Sie überladen Sätze oftmals, lassen sie pathetisch erscheinen, aber ohne sie bleiben Texte ein wenig kühl. Streichen Sie zunächst alle Adjektive und lesen Sie das Geschriebene laut. Wo stolpern Sie? Wo halten Sie inne, weil eine Stimmung fehlt? Setzen Sie genau dort ein Adjektiv ein und Sie werden am Ende der Übung nicht mehr als 20 Prozent der ursprünglichen Menge verwenden.

Tipp

Bringen Sie Abwechslung ins Spiel: Erweitern Sie Ihren Sprachschatz stetig. Unter http://synonyme.woxikon.de oder www.duden.de können Sie ein Wort eingeben und Synonyme finden.

Streichen Sie Füllsel und Redundanzen.

Füllwörter wie „auch", „in Bezug", „nämlich", „so", „derart", „auf diese Weise", „noch", „eigentlich", „lediglich", „unter Umständen", „beziehungsweise", „allerdings", „erfahrungsgemäß", „gleichwohl", „hier und da" und „allenthalben" blähen einen Text auf. Also: Bitte streichen!

Wiederholungen können ein Stilmittel sein. In der Rhetorik heißen sie dann „Refrain". Ich finde, der hört sich gut an in Kirchenliedern oder Schlagern. In einer Rede bewirkt ein Refrain nur eines: dass die Zuhörer in den Einschlafmodus fallen.

Kontrollieren Sie Zitate, Statistiken, Argumente auf Richtigkeit.

Die goldene Regel heißt: Verwenden Sie niemals ungeprüfte Inhalte aus Sekundärquellen. Wer redet, macht sich angreifbar. Es ist peinlich, wenn Zitate nicht stimmen, wenn Zahlen falsch oder Thesen längst widerlegt sind. Daher recherchieren Sie bitte nochmals, indem Sie die Ursprungsquellen suchen, indem Sie die aktuellen Forschungsberichte lesen und Diskussionen zu Ihrem Thema verfolgen. Es macht Eindruck, wenn Sie auf dem neuesten Stand sind. Dann punkten Sie als Experte.

Feilen Sie an den Übergängen.

Sie laden ein zu einer Reise durchs Thema. Sie sind der Unterhalter und Ihr geneigter Hörer lauscht und schweigt. Aber Vorsicht: Sein Wille dazu ist flüchtig, er ist per se kapriziös. Gefällt ihm Stil und Tempo nicht, läuft er davon, lässt Sie allein und es bedarf einer Riesenanstrengung, ihn wieder einzufangen.

Besser ist es, Sie verlieren ihn erst gar nicht. Deshalb bauen Sie immer wieder sogenannte Cliffhanger ein, kleine vorausschauende Sequenzen, die als spannungssteigernde Versprechen wirken. Erzeugen Sie Überraschung, Betroffenheit oder ein Lächeln, je nach Stimmungslage. Damit sagen Sie dem Zuhörer: „Nur wenn du bis zum Schluss hierbleibst, wirst du die Auflösung meiner These erfahren. Bleib gespannt und warte ab. Es wird sich lohnen." Amerikanische Soaps funktionieren nach diesem Prinzip: Sie versprechen, überraschen und kitzeln immer wieder die Gefühle.

Achten Sie auf Substanz, Stimmigkeit und Zeit.

Dieser Dreiklang garantiert Ihren Redeerfolg. Wenn nur ein Kriterium missglückt, verlieren Sie Aufmerksamkeit. Dann flüstern die Zuhörer mit ihren Sitznachbarn. Dann kramen die Damen in den Handtaschen nach Lippenstift, Visitenkarte oder Smartphone und die Herren denken ans Abendessen oder das Meeting am nächsten Tag. Sie alle bleiben nicht bei Ihnen. Sie verzeihen Ihnen generös Ihr Lampenfieber und Ihre flatterige Stimme über die ersten fünf Zeilen. Das macht Sie menschlich und sympathisch. Bedenken Sie: Ihr Publikum leidet mit Ihnen bei einem Blackout. Das erinnert es an die eigene Aufregung beim Reden vor Publikum. Aber fehlende Substanz, Widersprüche in der Argumentation oder ein Endlosreferat über alle Zeitufer hinweg, das verzeiht es Ihnen nicht.

Tipp

Denken Sie an Ihre Pressearbeit: Ihre Unternehmensrede könnte Journalisten interessieren. Rufen Sie einige Tage vor Ihrem Auftritt in den Redaktionen Ihres Vertrauens an. Bei Bedarf formatieren Sie die Rede in Schriftgröße 11 Punkt und fügen ein Deckblatt mit Firmenlogo, Kontaktdaten, Angaben zu Anlass, Thema, Ort und Zeit hinzu. Denken Sie an den Zusatz „Es gilt das gesprochene Wort" sowie an die Sperrfrist, die meist mit Redebeginn endet. Vielleicht entscheidet sich der Journalist für einen Terminhinweis im Blatt oder übernimmt sogar das eine oder andere Zitat. Das wäre ein PR-Erfolg. Auf jeden Fall sollte Ihre Rede nach der Veranstaltung im Intranet und auf Ihrer Website unter Aktuelles erscheinen.

Eine Rede braucht ein Drehbuch

Der Experte für Präsentationen und Vorträge, Michael Moesslang, findet: „Gute Redner haben ein Repertoire an Effekten." Moesslang schreibt in seinem Bestseller „So würde Hitchcock präsentieren" was er damit meint. Er verrät drei Methoden für ein meisterhaftes Drama mit Worten.

1. Konflikt aufwerfen: Jede Dramaturgie braucht einen Konflikt, den der Held zu lösen versucht. Kreieren Sie einen, halten Sie die Spannung und lösen Sie ihn auf mit einem Happyend.
2. Anspannung erzeugen: Tension, ein Moment der Spannung, entsteht durch Verzögerung. Dies kann eine simple Sprechpause sein, eine Pause, in der Sie zum Schein etwas anderes tun – zum Beispiel einen Satz aufs Flipchart schreiben –, oder Sie schweifen für vier, fünf Sätze vom Thema ab, bevor Sie verraten, worauf das Publikum schon wartet.
3. Höhepunkt geheim halten: Halten Sie den Höhepunkt Ihrer Rede so lange wie möglich geheim. Auch wenn das Publikum schon ahnt, worauf Sie hinauswollen: Spielen Sie mit der Zeit und mit der Wirkung, indem Sie immer wieder kleine Versprechungen, kleine Anmerkungen aufflackern lassen. Das macht neugierig. Das erhöht die Aufmerksamkeit. Der Höhepunkt ist Ihr schlagkräftigstes Instrument in der Rede, inszenieren Sie ihn, wie Hitchcock das tat.

Die Regeln für eine gelungene Rede

Eine gelungene Rede passt zum Redner und kann nicht kopiert werden. Sie würde anders wirken. Weniger frech, polternd, liebevoll, stilecht. Denn die Persönlichkeit des Redners gibt den Worten Gewicht und Glaubwürdigkeit. Das alles ist richtig, ersetzt aber das Wissen um die passenden Werkzeuge nicht. Was ist erwünscht und was ist unerwünscht im Redetext? Die Aufstellung bietet Ihnen eine Übersicht.

Das sollten Sie beachten	Das sollten Sie vermeiden
Wählen Sie immer die persönliche Ansprache.	Verallgemeinerungen wie „man", „jedermann", „alle" hinterlassen einen schalen Beigeschmack. Nehmen Sie Ihr Publikum wahr, sprechen Sie es direkt an. Dann bleibt es auch bei Ihnen.
Formulieren Sie Aktivsätze: „Herzlich willkommen, liebe Gäste. Dr. Erol Brenner freut sich auf die gemeinsame Zeitreise durch unsere Unternehmensgeschichte von der Gründung bis heute."	Vermeiden Sie das Passiv. Es ist die Leidensform und klingt niemals schwungvoll: „Der Abend wird von Dr. Erol Brenner geleitet. Die Unternehmensentwicklung wird von ihm erklärt, und zwar von früher bis heute."

Benutzen Sie Verben. Sie machen Tempo, geben Impulse und inspirieren: flirten, freuen, springen, jubeln, weinen, kitzeln, klettern, atmen, pochen, sprinten; sie alle wecken beim Zuhörer Assoziationen. Malen Sie Bilder, auch in der Unternehmenssprache.	Vermeiden Sie substantivische Satzkonstruktionen wie: „Im Anschluss stehe ich für ein Gespräch zur Verfügung." Besser: „Ich freue mich auf Ihre Fragen. Nur zu."
Variieren Sie die Satzlänge, um der Rede Rhythmus zu verleihen und die Zuhörer immer wieder neu einzufangen.	Mit Stakkato-Sätzen entsteht keine Melodie. Substantiv und Prädikat und Punkt, das macht auf Dauer nervös. Ein Satz kann ebenso ein Objekt haben und weitere Bestimmungen. Schachtelsätze hingegen haben nur eine Wirkung: Sie überfordern den Zuhörer.
Zahlen und Statistiken können Ihre These untermauern, aber erschlagen Sie Ihre Zuhörer nicht. Ein prägnantes Beispiel pro Rede reicht.	Reden werden zunächst im Kurzzeitgedächtnis gespeichert, das heißt konkret, Zahlenkolonnen und Daten gehen in Kürze verloren. Es sei denn, Sie nennen eine bestimmte Jahreszahl und erzählen dazu eine Geschichte. Das kann ein Anker sein.
Lassen Sie kluge Worte bekannter Persönlichkeiten am Anfang glitzern. Das macht Ihre Rede lebhaft und unterstreicht Ihren Sinn für Zeitgeist.	Vermeiden Sie Zitate von Zeitgenossen, die niemand kennt oder die sich mit einem schlechten Image herumschlagen. Übrigens: Bauernsprüche sind generell tabu. Sie wirken platt und machen müde.
Storytelling belebt die Rede, baut Nähe auf und macht immer sympathisch. Eine kleine Anekdote, ein kurzer Exkurs an den Rand des Themas, das kann unterhaltsam und lebensnah sein.	Eine Rede hat ein Thema und einen Spannungsbogen. Ständiges Plaudern aus dem Nähkästchen lenkt vom Thema ab und lässt Sie nicht professionell erscheinen.
Rhetorische Stilmittel geben Ihrer Rede Farbe. • Alliteration: „frisch, fröhlich, frei trete ich vor Sie und erwarte … • Antithese: „Unser Gewinn im vergangenen Jahr zählt zu den höchsten in der Unternehmensgeschichte. Das verdanken wir dem Engagement unserer Mitarbeiter. Wir haben unsere Mitarbeiterzahl im vergangenen Jahr halbiert und werden mit kleiner Mannschaft arbeiten." • Klimax: Aufbau einer Steigerung, einer Handlungskette, zum Beispiel: „Veni, vidi, vici. Ich kam, sah und siegte." • Rhetorische Frage: „Ich frage Sie: Wollen wir das wirklich?" • Metapher: Malen Sie ein Bild mit Worten: „Heute feiern wir unser 50. Firmenjubiläum und ich fühle mich wie auf meiner eigenen goldenen Hochzeit.	Generell gilt die Regel: Vermeiden Sie ein Feuerwerk der Stilmittel. Sie sind eine Garnierung, nicht die Essenz. Und: Mit Ironie zu spielen, kann gefährlich sein. Einmal aus dem Kontext zitiert, entsteht vielleicht eine Wirkung, die Sie nicht wünschten.

Ich bin der Unitex AG seit 50 Jahren treu. Es war Liebe auf den ersten Blick, als ich damals hier antrat, um Karriere zu machen ..." • Refrain: Wiederholen des Schlüsselsatzes oder einer Textstelle, zum Beispiel in der Einleitung, in der Mitte und am Ende: „Unser Unternehmen hat eine Vision: Jedes Hotel, weltweit, bietet unseren FairTrade-Kaffee an."	
Lassen Sie persönliche Nuancen aufblitzen: Sprechen Sie von Ihren Erwartungen, von Ihren Gefühlen. Lassen Sie die Zuhörer an Ihrem Erfahrungshorizont teilhaben. Und: Auch Polarisieren ist erlaubt, auch Ecken und Kanten, Vorwärts- und Querdenken profiliert Sie als Experten.	Wenn Sie von Ihren Gefühlen zum Thema sprechen, dann bleiben Sie authentisch. Vermeiden Sie Floskeln wie „Es ist mir eine Ehre, vor so großem Publikum zu sprechen. **Besser:** „Schön, dass Sie da sind. Ich werde Sie in der nächsten halben Stunde unterhalten, anregen, aufregen, gewinnen für mein Thema."
Verabschieden Sie Ihre Zuschauer mit einem starken Ende, zum Beispiel mit einem Appell: „Tun Sie etwas. Sofort. Beenden Sie schon diesen Tag mit Sport. 20 Sit-ups am Abend sind Ihr Pflichtprogramm vor den Nachrichten." Oder Sie werfen Ihren Zuhörern einen Handkuss aus Worten zu und entlassen sie mit einem guten Gefühl: „Das Leben ist kostbar. Genießen Sie ihre 84.700 Sekunden am Tag. Ich wünsche Ihnen dazu ein Lächeln auf den Lippen."	Schluss und Anfang bleiben in Erinnerung. Vergeuden Sie die Chance nicht. Ein liebloses „Danke für Ihre Aufmerksamkeit" ist zu wenig und reißt niemanden vom Hocker.

Ghostwriting für Reden

90 Prozent aller Reden werden von Ghostwritern geschrieben. Politiker und Unternehmer verlassen sich auf Referenten im eigenen Haus oder auf externe Dienstleister. Das ist üblich und durchaus erfolgversprechend, wenn am Anfang des Projekts ein ausführliches und persönliches Briefing steht. Jeder Ghostwriter kann nur so gut arbeiten, wie der Redner ihn über Anlass, Thema, Intention und Publikum informiert. Ein Ghostwriter muss die Persönlichkeit und den Stil, den Charakter und die Tonalität des Redners kennen. Nehmen Sie sich Zeit für ein solches Kick-off-Gespräch, damit später die Worte authentisch klingen und niemand daran zweifelt, dass der Redner auch der Verfasser ist. Ein Ghostwriter bleibt im Schatten. Er recherchiert, konzipiert und schreibt. Und sitzt am Tag x in der letzten Reihe, um kritisch und freudig

dem Redner zu lauschen. Und wenn er am Ende applaudiert, dann meint er auch ein klein wenig sich selbst.

„Viele Worte zu machen, um wenige Gedanken mitzuteilen, das ist überall ein untrügliches Zeichen von Mittelmäßigkeit." So urteilte Arthur Schopenhauer – und dieser Satz bleibt bis heute gültig. Umgekehrt ergibt er eine Anleitung für gute Reden: Geben Sie Ihrer Rede Substanz und einen zeitlichen Rahmen. Bieten Sie eine Konsistenz, die gut verträglich ist und dennoch das Wissen der Zuhörer nährt. Serviert mit Elan und garniert mit Gesten.

Unternehmensbuch: die Story zwischen zwei Deckeln

Jede Entscheidung, jeder Meilenstein im Unternehmen fügt sich zu einem Bild aus Mosaikteilen zusammen. Sicherlich können Sie Geschichten erzählen von Niederlagen und Erfolgen. Tun Sie es. Schreiben Sie ein Buch.

Besonders Familienunternehmen fühlen sich einer langen Tradition verpflichtet. Sie wollen ihr Verständnis von Ethik und Verantwortung an die folgende Generation weitergeben. Sie sind die Tempomacher am Markt. Ihre Richtung heißt Wachstum. Eine Analyse des Instituts für Familienunternehmen e. V. (IFF) in Stuttgart nennt die Zahlen: „Deutschlands 100 größte Unternehmen erwirtschafteten 2011 einen Umsatz von 2.058 Milliarden Euro. 915 Milliarden Euro (44,4 Prozent) erzielten dabei die 51 reinen Familienunternehmen …". Der Kuratoriumsvorsitzende Professor Dr. Mark Binz erklärt das zu einer starken Performance. Und hinter dem Zahlenwerk verbergen sich Geschichten, die Bücher füllen, Leser beflügeln und den Stolz auf ein ganzes Lebenswerk begründen.

Ein Unternehmensbuch berührt. Immer und nachhaltig. Keine Website, keine Broschüre, kein Imagefilm kommt diesem Gefühl nahe.

Zehn Merkmale eines Unternehmensbuchs

→ Es hat 150 bis 300 Seiten Umfang.
→ Der Umschlag ist verstärkt, am besten ein Hardcover.

- Die Unternehmenstory von der Gründung bis zur Gegenwart ist das Thema.
- Der Text teilt sich in Kapitel auf.
- Text und Bild harmonisieren im Sinne des Corporate Publishings.
- Das Buch spiegelt die Corporate Identity des Unternehmens.
- Unternehmenskultur, Unternehmensdesign sowie Wording bleiben erkennbar, auch im Storytelling.
- Das Buch erscheint im Publikumsverlag, Corporate-Publishing-Verlag oder Selbstverlag.
- Es ist mit einer ISBN als lieferbares Buch gelistet.

Weiche Faktoren mit hohem Gewicht

Bei aller Liebe zum Buch verschweige ich eines nicht: Ein Corporate Book ist teuer – und mit größter Wahrscheinlichkeit wird sich das Projekt nicht refinanzieren. Das ist der Wermutstropfen im Fass der Begeisterung. Ich war schon oft versucht, mit spitzem Stift einen Break-even zu errechnen und mit wichtiger Miene auf ein Flipchart zu malen: 10.000 verkaufte Exemplare würde bedeuten, die Kosten sind drin. Aber die Aussage wäre zu emotional, das Ziel wäre nicht messbar, also bleiben wir lieber bei den Fakten und die lauten: Ein Unternehmensbuch hat nicht das Potenzial zum Bestseller, weil die Marketingwege nicht ausgeschöpft werden, weil kein Verlag sich darum kümmern wird, dass Ihr Buch weit oben auf der Jahresprogrammvorschau erscheint, weil kein Sales-Manager von Buchhandlung zu Buchhandlung für Sie tingelt und nur wenige Leser Ihre Story bei Amazon in eine Fünf-Sterne-Kategorie voten. Nein, ein Unternehmensbuch wird nicht geschrieben, um auf Platz eins der „Spiegel"-Bestsellerliste zu landen. Das sind die harten Fakten. Aber es gibt auch die weichen Fakten, die zu betrachten sich lohnt, wenn Sie ein Buch veröffentlichen:

- Sie bringen Nähe in Ihre Kommunikation.
- Sie motivieren Ihre Mitarbeiter und danken für das tägliche Engagement.
- Sie markieren Ihren USP in Wort und Bild.

- → Sie erreichen Glaubwürdigkeit und Vertrauen.
- → Sie erzählen von Ihren Werten und von Ihrer Unternehmenskultur.
- → Sie stellen Ihre Leistung, Ihre Marke in den Mittelpunkt und sprechen über Ihr gesellschaftliches Engagement.
- → Sie halten Ihre Unternehmensgeschichte für nachfolgende Generationen fest.
- → Sie setzen den Postings in den Social Media ein Buch entgegen.
- → Sie bieten ein Gegengewicht in Zeiten von Streams und Blogs, von kurzen Sprachsequenzen mit wenigen hundert Zeichen.
- → Sie überreichen ein Buch. Von Hand zu Hand. Mit einem Blick in die Augen.
- → Sie beweisen, welchen Wert Kundenbindung für Sie hat.

Das sind die wirklichen Gewinne bei einem solchen Projekt. Sie lassen sich nicht in Geld messen, aber in Gefühl. Sie schenken einen Lesewert, der durch seine Prosa vielleicht den Leser an so manchen Stellen verführt, das Buch auf die Knie sinken zu lassen, mit den Gedanken in die Ferne zu schweifen und sich an eigene Wegkreuzungen im Leben zu erinnern. Mit einer solchen Lektüre drosseln Sie das Tempo der täglichen Informationsflut. Dies sind letztendlich die Ingredienzen, die Ihr Image reifen lassen. Dafür lohnt es sich zu schreiben.

Ich finde, diese weichen Faktoren wiegen zentnerschwer. Neue Statistiken belegen übrigens den Trend zum Corporate Book: Unternehmen sind mehr und mehr bereit, das Werbebudget umzuschichten und dem Bereich Corporate Publishing eine dicke Position in der Planung einzuräumen. Sechs von zehn entscheiden sich, in Printmedien zu investieren. In Magazinen, Broschüren, Geschäftsberichten und Büchern werfen sie ein Schlaglicht auf ihr Portfolio, auf ihren Erfolg und ihre Vision. Und rund 17 Prozent dieser Unternehmen wiederum entscheiden sich für ein Buchprojekt. Sie investieren Zeit und Geld und vor allem setzen sie darauf, mit einem Mix aus Kreativität und Storytelling zu punkten. 250.000 Euro gibt ein Unternehmen durchschnittlich dafür aus, durch Corporate Publishing in die Köpfe der Leser und dann ins Herz zu gelangen (Quelle: Corporate Publishing Basisstudie 03 – Unternehmensmedien im Raum DACH, Ergebnisbericht Zürich/München 2012, zehnvier GmbH).

Die Entscheidung, ein Unternehmensbuch zu schreiben, die währt lange. Oft wird eine Arbeitsgruppe gebildet, um das ambitionierte Projekt auf den Weg zu bringen. Manchmal aber kommt die Idee ganz leicht und fast zufällig daher …

Raum für wahre Geschichten

Der Chef gähnt herzhaft. Sein Kiefergelenk knackt. Er hat sich verbissen in die Idee, das 40-jährige Firmenjubiläum zu feiern – mit einem Sommerfest. Um darüber zu reden, trommelte er am Morgen seine engsten Mitarbeiter via E-Mail zusammen. Nun sitzen sie in seinem Büro und wundern sich. Viele Sätze sprudelt der Chef über den Tisch und in Gedanken verneigt er sich vielleicht schon hinein in den Applaus der Persönlichkeiten aus Gesellschaft und Kultur. Nach ihm darf es ein rauschendes Fest werden. Klassisch. Mit Häppchen, Sekt, einer Bühne für Redner und Tanz bis in die Nacht. Die Presse soll kommen. Und 300 Gäste sowieso. Ach ja, er will Transparente überall, einen Imagefilm in Dauerschleife und vielleicht eine Festzeitung. Die ist ihm überhaupt sehr wichtig, denn er will endlich einmal erzählen, wie alles begann, was bis heute zu einem mittelständischen Unternehmen mit Erfolg in 20 Ländern dieser Welt wächst. Er betont: „Ich habe noch Visionen, auch mit 60.“

Die Mitarbeiter haben alles samt Daten und Verantwortlichkeiten notiert. Nun schweigen sie. Dann gähnt der Chef ein zweites Mal, steht auf und beschwört die Runde: „Packen wir's an. Feiern wir unser Fest – unsere Erfolge. Und: Morgen will ich Zahlen sehen. Ole, das übernimmst du. Bitte. Quasi als letzte Handlung vor dem Ruhestand.“ Der Marketingleiter zuckt zusammen, fast wäre er eingenickt.

Ole Rosenberg ist ein Mitarbeiter der ersten Stunde. Gemeinsam mit dem Inhaber des Unternehmens, seinem Chef Till Ahlberg, brach er damals auf, um die Welt mit Kosmetik aus ätherischen Ölen zu verwöhnen. Er brannte für die Philosophie, mit Reinheit und Naturessenzen die synthetische Schwemme am Markt zu drosseln. Ole Rosenberg erinnert sich gut daran, als sein Chef einen winzigen Laden in bester Lage mietete und rief: „Geschafft. Unser Geschäft. Machen wir was draus! Verbreiten wir unsere Purness.“ Die Motivation für jeden folgenden 15-Stunden-Tag war der

Glaube an ihr Konzept. Keine einzige Mark blieb damals übrig, um in Werbung zu investieren. Allein die Begeisterung der Kundinnen ermöglichte den Erfolg. Und der stellte sich schnell ein. Damals – in den 1970er Jahren – trafen sie mit ihren Blütenölen den Nerv der Zeit.

Wenn Ole sich jetzt zurücklehnt in seinen ledernen Sessel, wenn er seine Gedanken durch die Zeit spazieren lässt von den Anfängen bis zum heutigen Meeting, wird ihm das Herz schwer und leicht zugleich. Das Agreement jener Tage per Handschlag gilt bis heute. Till ist der Geldgeber, Ole Rosenberg der besonnene Mitarbeiter, der Stratege im Hintergrund. Und angesichts der Unternehmensgeschichte mit einzelnen Niederlagen und vielen Erfolgen, kann er sich mit einer solchen Sommerfestinszenierung nicht anfreunden.

Ole Rosenberg rechnet eine Nacht lang. Auf der einen Seite fügen sich die Positionen zum Sommerfest zu einer Zahl: 240.000 Euro. Für die Garantie auf vier Stunden gute Laune und eine magere Pressenotiz in der Lokalspalte der Zeitung. Demgegenüber steht eine andere Summe: 40.000 Euro. Für ein Buch. Die Argumente für dieses Projekt im Format 22,5 cm x 27,5 cm mit Text auf edlem Papier und eingebunden in geprägtem Schutzumschlag schreibt er auf. Sein Fazit zu dieser Rechnung lässt ihn lächeln: ein Buch, das entspricht dem Unternehmen. Und wenn sein Chef, Till Ahlberg, schon immer ein wenig eitel war, dann kann nichts besser diese Eigenschaft bedienen, als die Story mit ihm selbst als Protagonisten. Mit Kraft setzt er den Schlusspunkt aufs Blatt.

Ole Rosenberg liegt goldrichtig mit seiner Einschätzung, dass ein Buch nachhaltiger und wertvoller wirkt als ein Sommerfest. Wenn sich beides ergänzen lässt – prima. Dann ist der Budgettopf gut gefüllt. Wenn Sie jedoch die Wahl haben zwischen Feiern oder Schreiben, würde ich im Sinne einer gewichtigen Unternehmenskommunikation immer das Buch wählen. Das tat auch Till Ahlberg. Gemeinsam präsentierten er und Ole Rosenberg das Buch mit einer Lesung und einem Sektempfang für geladene Gäste. Und noch heute, nach fünf Jahren, ist dieses Buch ein Präsent bei besonderen Anlässen.

Antworten ohne Verfallsdatum

Ein Unternehmensbuch braucht einen Anlass. Ein Jubiläum ist ein Parade-grund dafür. Mitarbeiter, Partner, Kunden, Mitbewerber – sie alle erwarten am Ehrentage Großes von Ihnen. Sie wollen hinsehen, Ihre Leistung wahr-nehmen, sich berühren lassen von Ihrer Geschichte und mit Ihnen gemein-sam in die Zukunft sehen. Bevor Sie sich für ein solch kostspieliges Projekt entscheiden, sollten Sie die folgenden Fragen beantworten. Die Antworten bilden den Inhalt ab, den Sie im Buch darstellen, den Umfang, den Sie brau-chen, um die Seiten zu füllen.

→ Was trieb Sie an, Ihr Unternehmen zu gründen, sich auf den Weg zu ma-chen hinweg über Hürden, entlang an Klippen und von dort aus auf den breiten Weg des Erfolgs?

→ Welches Vermächtnis gaben Ihnen die Vorfahren mit auf den Weg?

→ Wer prägte Ihre Einsichten, wer war Ihr Vorbild?

→ Wie kam Ihnen der Zeitgeist entgegen? Welche Bedingungen pushten Ihre Idee? Was war neu, anders, revolutionär?

→ Mit wie vielen Mitarbeitern starteten Sie in welchem räumlichen Umfeld?

→ Welche Ziele hatten Sie, welcher Vision folgten Sie?

→ Was waren die wichtigen Meilensteine, die richtigen Entscheidungen?

→ Wo stehen Sie heute?

→ Was hat sich über die Jahre geändert, was ist geblieben und wird weiter bestehen?

→ Wie änderte sich die Unternehmenskultur über die Jahre und Jahrzehnte?

→ Wie viele Mitarbeiter begleiten Sie heute?

→ Was sind die politischen Zwänge, die wirtschaftlichen Herausforderungen, die gesellschaftlichen Verantwortungen, die den Rahmen um Ihr unter-nehmerisches Wirken ziehen?

→ Welche Empfehlung möchten Sie Startern geben?

→ Warum sind Sie ein Vorbild für junge Menschen, ein Gewinner, der mit Mut, Biss und Wissen sein Unternehmen aufbaute?

→ Welche Themen von sozialer, kultureller oder sportlicher Bedeutung liegen Ihnen am Herzen?

Zeigen Sie Flagge im Bereich Corporate Responsibility. Reden Sie darüber, wenn Sie mit Ihren Projekten Menschen helfen, wieder auf die Füße zu kommen. Zeigen Sie Ihren Vorbildcharakter, wenn es um Umweltschutz geht. Ihr Engagement in sozialen, sportlichen oder kulturellen Räumen blinkt in der Öffentlichkeit heller als die Zahl unter dem Strich, die Ihren Gewinn ausdrückt.

Phase eins: Wie wollen Sie Ihr Buch veröffentlichen?

Die Entscheidung ist gefallen. Sie werden ein Buch schreiben und veröffentlichen. Aber wie? Drei Möglichkeiten gibt es.

→ Publikumsverlag: In diesem Fall brauchen Sie ein Exposé und eine Leseprobe, Verlagskontakte oder einen Literaturagenten. Vielleicht dürfen Sie einen Verlagsvertrag unterzeichnen. Der Verlag übernimmt alle weiteren Kosten für Gestaltung, Lektorat, Druck, Marketing und Vertrieb. Das klingt himmlisch, aber hat für Sie einen nicht unbedeutenden Nachteil: Der Verlag will kein Werbebuch publizieren. Ihre Unternehmensgeschichte wird zu einer Familiensaga aus Liebe, Hass und Intrigen mit oder ohne Happyend oder gar zu einem Ratgeber. Kurzum: Die Konturen verwässern. Till Ahlberg würde dann zum Beispiel „Das ABC der Naturkosmetik" verfassen. Im Fokus stände der Nutzwert für einen breiten Leserkreis und nicht die Darstellung seines Lebenswerks, seiner Marke. Somit entfällt dieser Publikationsweg für rund 98 Prozent der Unternehmen.

→ Corporate-Publishing-Verlag: Hier dürfen Sie zwischen Einzelmodulleistungen bis hin zum Rundum-sorglos-Paket wählen. Vom Konzept über die Grafik bis zum Druck und Versand bieten CP-Verlage ihre Begleitung an. Eine komfortable Lösung, wenn das Budget stimmt. Das lohnt sich, wenn ein Unternehmen wie Beiersdorf sich entscheidet, 100 Jahre Nivea mit einem Unternehmensbuch zu feiern, mit einer Auflage von mehr als 40.000 Stück. Oder wenn OBI ein Handwerksbuch auf den Markt bringt, das kurz nach Erscheinen zum Kassenschlager wird. Das aber sind die Ausnahmen, nicht die Regel. Wenn Sie einen CP-Verlag beauftragen, liegen die Kosten zwischen 80.000 und 100.000 Euro, je nach Umfang der Leistung auch darüber. Aber: Sie können das Projekt abgeben und haben den Kopf für andere Aufgaben frei.

→ Selbstverlag: Wer ein Unternehmensbuch in Eigenregie und im Selbstverlag veröffentlicht, der braucht ein Team mit Fachwissen an seiner Seite. Ich will nicht verschweigen: Dieser Weg ist der steinigste, aber er hat auch unwiderstehliche Vorteile. Sie sparen Geld und haben zudem ein großes Gestaltungsfeld. Mit einer ISBN, einem Eintrag in das Verzeichnis der lieferbaren Bücher, einer Präsenz bei Libri und bei Amazon wird Ihr Buch auffindbar sein, ganz so, als stände ein Verlag dahinter. Am Ende halten Sie ein Buch in der Hand, für das Sie rund 60 Prozent mehr Arbeitszeit investiert und ebenso viel Geld gespart haben im Vergleich zur Fullsize-Agentur-Leistung.

Tipp

Beim Publizieren im Selbstverlag ist Ihre Aufmerksamkeit während der gesamten Schreib- und Gestaltungsphase gefragt. Dafür wird Ihnen das Projekt ans Herz wachsen, es wird Ihr Baby. Sie denken mit, arbeiten sich ein, bleiben immer nah dran. Und die Kosten sinken mit dieser Entscheidung auf rund 40.000 Euro. Sie haben sich für diese Variante entschieden? Dann stellen Sie ein Team aus Ghostwriter, Buchillustrator, Lektor und Drucker zusammen. Und: Spielen Sie den gesamten Prozess der Bucherstellung vom Konzept bis zur Veröffentlichung durch. Während das Projekt läuft, informieren Sie sich über jeden einzelnen Schritt, denn Sie haben die Federführung.

Phase zwei: das Konzept für Ihr Buch im Selbstverlag

Große Schreibprojekte türmen sich manchmal zu furchterregender Höhe auf. Der Berg vor Ihnen wächst und wächst und droht, auf Sie einzustürzen. Das kenne ich. Aus Ehrfurcht kann Panik werden, aus Elan Selbstzweifel. Schreibangst treibt Schweißperlen auf die Stirn und engt den Atem ein. Klingt furchtbar, lässt sich aber in den Griff kriegen.

Meine Methode: Ich male einen Berg auf ein Flipchart. Die Konturen sind dick, das Gefälle ist steil und das Innere von grauer Härte. Der Berg steht vor mir. Im Großformat. Ich halte diese scheinbar undurchdringliche Felswand vor mir einige Minuten aus. Ich spüre die Angst, dass dieses Projekt zu komplex sein könnte, um in wenigen Monaten in einer gefälligen, leichten Struktur zu erscheinen. In Gedanken sehe ich meinen Werkzeugkasten vor mir. Das beruhigt, denn ich weiß, ich kann mithilfe dieser Werkzeuge handeln. Dann ändere ich die Perspektive, indem ich einige Schritte zurücktrete. Die Distanz weitet das Blickfeld. Der Berg verliert seine Wucht. Ich wähle meine Werkzeuge, um aus Klippen Spannungsbogen zu machen, um Übergänge zu formulieren, die sich wie von selbst aus den Tiefen des Steins ergeben. Ich finde einen kleinen Pfad, um an die Spitze zu gelangen. Wo sind die Schatten auf dem Weg, wo drohen Gefahren? Welche Textsorte bestimmt die Gangart? Wo werden sich die Spuren verdichten zu einer These und wo wird der Raum sich öffnen, damit ich das gesamte Leistungsspektrum vor mir sehe? In welchem Rhythmus werde ich diesen Berg vom Fuß bis zur Spitze besteigen? Wo sind die Ruhepunkte, wo brauche ich Sprints, um ans Ziel zu kommen? Der Pulsschlag verlangsamt sich wieder.

Ich finde meine Mitte und besinne mich auf meine Stärke, komplexen Projekten eine Leichtigkeit abzutrotzen. Dazu wähle ich eine Schritt-für-Schritt-Taktik. Ich nähere mich dem Projektberg mit sechs einzelnen festen Schritten. Sie sind verbunden mit einer Aufgabe, die am Ende zu einer ersten Projektstruktur führen wird. Nach jedem Schritt verweile ich, gebe mir Zeit für Gedankenspiele, aber der Angst keinen Raum. Die lasse ich weiterziehen wie Wolken am Horizont. Das hat einen meditativen Charakter, das ist mein Auftakt zum Buchprojekt (mehr erfahren Sie in dem Kapitel „Arbeitsmethoden für kleine Texte und große Projekte").

Nun gehen Sie los, Schritt für Schritt auf den Arbeitsberg zu und hinauf zum Gipfel, bis Sie am Ende Ihr Buch in den Händen halten.

Schritt eins: Welches Genre wählen Sie?

Krimi, Saga, Fiction, Erzählung, Kurzgeschichten, Tagebuch, Sachbuch, Ratgeber, Rezeptsammlung, Chronik, Cartoon, Kinderbuch – Ihrer Phantasie sind kaum Grenzen gesetzt. Greifen Sie tief in die Kiste der Textsorten hinein, lassen Sie sich aus dem Rahmen fallen und überraschen Sie Ihre Leser mit einem Werk, das Spuren in den Köpfen hinterlässt, das anregt zum Lesen und Staunen. Ihre Marke ist einzigartig. Schön, wenn ein Text das spiegelt. Übrigens: 90 Prozent aller Unternehmen wählen ein Buch im Mix aus Chronik und Erzählung. Was fühlt sich für Sie gut an? Was möchten Sie über Ihr Unternehmen lesen, wenn Sie Ihr Buch aufschlagen?

Schritt zwei: Möchten Sie einen Ghostwriter beauftragen?

Mal Hand aufs Herz: Haben Sie neben Ihrem Job als Geschäftsführer die Zeit, ein Buch zu konzipieren und zu schreiben? Vermutlich nicht. Es dauert Wochen und Monate, bis die Textstruktur erarbeitet und das Manuskript verfasst ist. Vielleicht ist Schreiben nicht Ihre große Leidenschaft, für die Sie derart viel Zeit investieren wollen und können. Dann sollten Sie sich professionelle Hilfe holen, und zwar von einem Ghostwriter.

Ein Ghostwriter hat Zeit, schreibt und schweigt darüber. Während Sie Ihre Geschäfte leiten, arbeitet er im Hintergrund. Zunächst wird er sich einlesen in Ihre Unternehmensgeschichte und einfühlen in Ihren Stil. Er findet Worte zu Ihren Skizzen und weiß, was Leser fesselt. Könnten Sie sich eine Zusammenarbeit vorstellen, in der Sie Ihre Geschichte, Ihre persönlichen Gedanken und Dokumente vertrauensvoll ausbreiten?

Schritt drei: Wie können Sie als Autor wahrgenommen werden?

Bleiben Sie präsent als CEO. Aus Imagegründen steht Ihr Name dick und fett auf dem Cover des Unternehmensbuchs, Ihre Unterschrift ziert das Vorwort. Und Sie persönlich danken am Ende allen Weggefährten. Also trägt das Buch Ihren Namen. Damit ist klar, das gesamte Buchprojckt verantworten Sie. Sie liefern den Inhalt – Sie sind der Autor.

Schritt vier: Welche Unterlagen sind für das Buch relevant?

Ob Daten, Fakten, Aufzeichnungen, Urkunden, Reden, Berichte, Protokolle, Lebensläufe, Eintragungen, Notizen, Fotos, Zeichnungen, Videos, Tonträger,

Gespräche mit Ihren Vorgängern, Familienmitgliedern oder Zeitzeugen, tragen Sie von nun an alles zusammen. Schnüren Sie daraus ein Paket und senden Sie es an Ihren Ghostwriter. Er nutzt die Vergangenheit als Grundlage. Das heißt: Seine Sache macht er so gut, wie Sie ihn briefen. Unterlagen und Gespräch ergeben genau jene Kenntnisse, die er braucht, um Ihre Unternehmensgeschichte zu schreiben.

Schritt fünf: Wer gehört zum Kernteam?

Sie sind nicht allein unterwegs. Ihr Profi-Team aus Ghostwriter, Buchillustrator, Lektor und Drucker besteigt mit Ihnen gemeinsam den Projektberg. Das ist gut, denn Sie können sich nicht um alles kümmern: Cover, Umschlag, Papier, die Wahl der Schrift und der Grafik, die Art der Heftung, Druckverfahren und Verpackung, all das entscheidet mit über den Wert Ihres Buchs. Geben Sie Ihrer Marke Glanz. Bitten Sie Ihr Team um Arbeitsproben, schätzen Sie die Erfahrungen Ihrer Projektgefährten ein. Fragen Sie Ihren Drucker nach einem Dummy. Druckereien, die auf Bücher spezialisiert sind, heften Ihnen ein Buch in genau jener Qualität, die Sie sich wünschen. Dann sehen und fühlen Sie das Cover, die Heftung und die Papierqualität. Sie erhalten einen Eindruck von der Wirkung des Formats und vom Umfang. Ich habe schon oft erfahren, dass Auftraggeber in dieser Phase das Format änderten, weil es als gezeichneter Aufriss eben doch anders anmutete als ein Exemplar in der Hand.

Tipp

Die häufigste Frage vor Projektbeginn lautet: Wie finde ich ein Team, das zu mir passt? Fragen Sie Ihren Kommunikationsleiter, suchen Sie in Ihren Xing-Kontakten, sehen Sie in das Impressum anderer Unternehmensbücher, die Ihnen gefallen. Eine Empfehlung ist oft Gold wert. Die Deutsche Post bietet eine Plattform für Writer, Grafiker etc. im Bereich Corporate Publishing: www.cp-deutschepost.de/portal/cppartner.

Schritt sechs: Wie intensiv müssen Sie das Buchprojekt vorbereiten?

Bleiben Sie nah dran an Ihrem Projekt, lassen Sie sich die Text- und Gestaltungsarbeiten kapitelweise vorlegen. Dann erkennen Sie frühzeitig, ob alles in Ihrem Sinne läuft. Je eher Sie Änderungen vornehmen, desto besser ist das für den Projektverlauf. Das spart Zeit, Kosten und Nerven sowieso. Es hat verheerende Folgen, wenn der Drucktermin naht und die Seiten geschlossen, also reingezeichnet und als Druckvorlage erstellt worden sind. Wenn dann Kapitelschwerpunkte verlegt, Farben neu definiert, Bilder neu gewählt werden, kann dies viele weitere Korrekturen im gesamten Buchverlauf nach sich ziehen, damit der rote Faden erhalten bleibt.

Es ist also sinnvoll, das Buch vorab detailreich zu planen. Starten Sie mit dem Konzept. Darin legen Sie die Struktur des Buchs fest und bestimmen

→ Umfang,
→ Qualität,
→ Inhalt und
→ Gliederung.

Sehen wir uns das klassische Konzept für ein Unternehmensbuch an. Im Mittelpunkt stehen Chronik und Leistung und auf jeder Seite schwingt die Unternehmenskultur. Der Leser erkennt die Werte, auf denen Ihr Unternehmen aufbaut. Er spürt, dass Sie neben der Verantwortung für unternehmerisches Wachstum Ihre gesellschaftliche Verantwortung wahrnehmen. Damit öffnen sich Räume für Sympathie. Und wenn Sie Nähe zulassen, indem Sie ehrlich und ungeschönt berichten, auch von Niederlagen und Zweifeln erzählen und auf Superlative verzichten, wirken Sie authentisch. Dann erhält Ihr Unternehmen ein Gesicht.

Erscheinungsgrund	Jubiläum
Erscheinungstermin	Jubiläumstag
Genre	Firmenchronik
Leser	Geschäftsführung, Familie, Mitarbeiter, Kunden, Partner, Dienstleister, Interessenten aus dem Branchenumfeld
Umfang	200 Seiten, vierfarbig
Cover	Hardcover mit Prägung und Lackierung

Papierqualität	150er Grammatur, vollgestrichen, umweltfreundlich
Bindung	Fadenheftung
Druck	Vierfarbig CMYK, Bogenoffset
Schrifttypen	Hausschriften, Headlineschrift, Fließtextschrift in verschiedenen Schnitten, Muster aus www.fontshop.de
Schreibstimme	Entsprechend der Leistung, des Images und des Leserkreises
Bildsprache	Sehr nah angelehnt an das Corporate Design mit Bildern aus dem Unternehmensarchiv sowie Stockfotos, emotionale Bilder, lizenzfrei aus Datenbanken wie www.istock.de
Struktur	Der Bogen spannt sich von der Gründung bis zum heutigen Tag.
Titel	Intelligentes Wortspiel, pfiffiger Slogan oder Markenname – alles ist erlaubt, was die Corporate Identity trifft.
These	Pointieren Sie Ihr Alleinstellungsmerkmal an mehreren Stellen im Buch.
Vorwort	Anlass, Absicht, Besonderheit im Buch

Steht der Konzeptteil zu den äußerlichen Merkmalen des Buchs, wenden Sie sich dem Inhalt zu. Ein erstes Inhaltsverzeichnis fasst die Inhalte zusammen und gibt den roten Faden vor.

Inhaltsverzeichnis

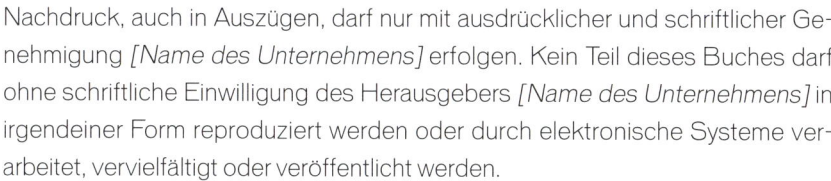

IMPRESSUM IM UNTERNEHMENSBUCH

ISBN ...

1. Auflage

Copyright:

© *[Unternehmensname]*

Erschienen im Selbstverlag, 2013

Nachdruck, auch in Auszügen, darf nur mit ausdrücklicher und schriftlicher Genehmigung *[Name des Unternehmens]* erfolgen. Kein Teil dieses Buches darf ohne schriftliche Einwilligung des Herausgebers *[Name des Unternehmens]* in irgendeiner Form reproduziert werden oder durch elektronische Systeme verarbeitet, vervielfältigt oder veröffentlicht werden.

Alle Rechte vorbehalten. Printed in Germany.

[Herausgeber und Gesamtverantwortlicher]

[Geschäftsführer des Unternehmens sowie Unternehmens-Kontaktdaten]

Text: *[Name des Ghostwriters, wenn gewünscht]*

Layout und Satz: *[Name der Grafikagentur]*

Druck: *[Name und Anschrift der Druckerei]*

Angaben zum Papier

Bildnachweise

Phase drei: Planung der Kosten

Wenn Ihre Gedankenspiele Wirklichkeit werden sollen, hat das seinen Preis. Werfen wir einmal einen Blick darauf, wie eine Kalkulation aussehen könnte, wenn Sie mit einem Team aus Freiberuflern zusammenarbeiten.

Posten	Kosten (Circa-Angaben)
Ghostwriting Konzept und rund 200-seitiges Manuskript sowie Korrekturphasen je nach Umfang, Unterlagen und Rechercheaufwand	23.000 Euro
Grafik Je nach Umfang, Bildrecherche und Bildbearbeitung	5.000 Euro
Korrektorat Prüfen der Seiten auf Rechtschreibung, Orthografie und Syntax je nach Umfang	500 bis 650 Euro
Druck Je nach Druckart, Umfang, Auflage, Papierqualität, Cover, Veredelung	7.000 Euro
Sonstige Kosten	
ISBN	85 Euro
Verzeichnis lieferbarer Bücher sowie Versand und eventuell Lagerung	80 Euro pro Jahr
Je Bild je nach Lizenzen	Ab 30 Euro

Achtung

Bedenken Sie, dass eventuell Gebühren für die VG Wort anfallen und darüber hinaus für die Künstlersozialkasse. Informieren Sie sich darüber. Die Adressen finden Sie im Anhang.

Phase vier: Schreib- und Gestaltungsphase im Selbstverlag

Überlegen Sie sich nun, welche Tonlage und welche Bildsprache Ihre Unternehmenspersönlichkeit am besten trifft.

Die Stimme im Buch

Sprachstimmen, die griffig sind, setzen sich in den Köpfen der Zuhörer fest. Das weiß ein Speaker. Er findet Wörter, die sein Wissen kennzeichnen und doch leicht und verständlich daherkommen. Er spielt mit Klängen. Er wechselt seinen Rhythmus und genießt Ruhe. Er haucht seinem Thema Leben ein, weckt Gefühle für seine These.

So ähnlich wirkt die Schreibstimme im Buch. Sie spricht die Sprache, die den Leser einfängt, fesselt und bis zur letzten Seite nicht wieder loslässt. Sie lebt von einem Wechsel aus Emotion und Sachlichkeit. Sie gleitet, dreht sich, spitzt sich zu, um dann wieder Ruhe auszustrahlen. So zeichnet sie Geschichten, statt Fakten zu bündeln. Show, don't tell. Die Stimme harmoniert mit den Bildern, überrascht mit Headlines und flirtet schon im Teaser mit dem Leser. Sie bereitet dem Unternehmen die Bühne für einen Auftritt der Extraklasse und bleibt dabei doch immer eines: ein Wording im Sinne des Unternehmens. Das ist die Kunst, ein Unternehmensbuch zu schreiben. Ein Ghostwriter kann das. Mit ihm gemeinsam entscheiden Sie, wie Ihr Buch stimmlich wirkt: kompetent, leicht, vertrauensvoll, nah, erzählerisch, ehrlich, authentisch, in der Tonalität der Unternehmenssprache, dem Produkt und der Leistung angemessen, mit dem Zeitgeist durch die Epochen streifend.

Die Bildsprache im Buch

Die Bildsprache spiegelt Ihre Corporate Identity, also bleiben Sie sich gestalterisch treu. Über Effekthascherei sollte Ihr Buch erhaben sein.

Bilder bleiben um ein Vielfaches länger im Gedächtnis haften als Worte. Diese Erkenntnis ist nicht neu, kann aber nicht oft genug wiederholt werden: Um Ihren Wiedererkennungswert bei den Lesern zu erhöhen, publizieren Sie konsequent in Ihrer Bildsprache, rufen Sie Gefühle mit Ihren Motiven hervor. Ihr Leser wird diese mit Ihrer Marke verbinden. Nur mit einer einheitlichen Linie landen Sie dort, wo Sie hin wollen: im Langzeitgedächtnis des Lesers.

Die Bildsprache trägt viel zum Wert Ihrer Marke bei. Mit ihr setzen Sie emotionale Akzente, mit ihr transportieren Sie Botschaften von Beginn an. Greifen Sie tief hinein in die Fotokiste Ihres Archivs. Spielen Sie mit den Bildern, indem Sie Ausschnitte zoomen, Details als Hintergrund fürs Wort nutzen, Bilder auf Markengröße verkleinern oder über Doppelseiten als Eyecatcher platzieren. Wichtig: Vermeiden Sie Stilbruch. Das könnte den Leser verwirren, vielleicht sogar verärgern. Gekaufte Imagefotos aus Datenbanken, sogenannte Stockbilder, können Ihre Bildsprache ergänzen, aber nicht definieren.

Manchmal lohnt sich die Recherche, ob ein Bild oder eine Karte gemeinfrei sind. Das ist der Fall, wenn eine bestimmte Frist nach dem Tod des Urhebers abgelaufen und die Rechte erloschen sind. In Deutschland dauert das 70 Jahre, in anderen Ländern kann diese Zeitspanne kürzer oder länger sein. Generell gilt: Bitte nennen Sie immer die Quelle und nehmen Sie im Zweifel schriftlich Kontakt mit dem jeweiligen Verlag oder Urheber auf.

Phase fünf: die Timeline für Ihr Buch

Sie brauchen einen langen Atem für Ihr Projekt, damit Sie unterwegs nicht einknicken. Denn rund ein halbes Jahr dauert die Anstrengung. Dabei ist es egal, ob das Projekt mit einem Ghostwriter verwirklicht wird oder im Teamwriting im Unternehmen entsteht. Wichtig bleibt: Wenn Sie ein solch herausforderndes Projekt wie ein Corporate Book verantworten, sollten Sie nichts dem Zufall überlassen. Pappen Sie Ihre Timeline an die Wand und laufen Sie mit Lust und leichten Schritten Ihrer Zielgerade, Ihrem Jubiläum samt Buchveröffentlichung entgegen.

Woche eins bis vier: das Team findet sich
Ihr Ghostwriter beginnt mit Gesprächen, Recherche und Schreiben.
Ich weiß aus Erfahrung, wie schwer es manchen Unternehmern fällt, sich in Gesprächen mit einem Ghostwriter zu öffnen, über Niederlagen ebenso zu sprechen wie über Erfolg. Denn eine solche Ehrlichkeit macht verletzlich.

Wir alle bewegen uns in einer Businesswelt, die sich nach dem Leitsatz dreht: „Wer gewinnt, wird gehört". Versagen macht das Image stumpf. Gewinne gehören zu einer Marke wie die Farbe zum Maler, aber in einem Unternehmensbuch will niemand eine Partitur der Eitelkeit lesen. Mal Hand aufs Herz: Bücher, die plätschern, die nicht in die Tiefe dringen, die nicht vom Hinfallen und Aufstehen, von Schwächen und gar vom Blick in den Abgrund erzählen, legen wir mit einem Gähnen aus der Hand. Die sind Mittelmaß. Schade um die verpasste Chance auf Glaubwürdigkeit. Niemand will von einem Sprung aus dem Stand an die Spitze der Branche und einem ewigen Verweilen in dieser Sphäre hören. Spannend wird es erst, wenn ein Buch beschreibt, wie Steine sich auftürmen, wie Berge von Schwierigkeiten zu überwinden sind. Wie es ist, den Erfolg in weiter Ferne schweben zu sehen. Deshalb höre ich bei meinen ersten Gesprächen mit dem Unternehmer, dem Autor sehr genau hin, versuche zu erahnen, wo sich Unbequemes, Außergewöhnliches, Zackiges und Gefährliches verbirgt. Und da hake ich nach, erst vorsichtig, dann intensiver – und schließlich decke ich sie auf, die Geschichte hinter der Geschichte. Storytelling braucht einen Background. Ich muss entscheiden können, mit welchen Fakten ich spiele, welche ich nenne und welche ich verschweige. Sonst würden alle Bücher im Blaupausenstil erscheinen.

Die Leistung des Ghostwriters umfasst:

→ Sichten und Werten der Unterlagen, Kassetten und Videos
→ Feldrecherche zum Thema
→ Schreiben eines stimmigen Konzepts zur Buchstruktur und zum Inhalt
→ Entwickeln der Schreibstimme im Sinne Ihrer Unternehmenspersönlichkeit
→ Enge Zusammenarbeit mit der Grafik
→ Kapitelinterviews und Gespräche nach Bedarf
→ Korrekturphasen bis zur Schlusskorrektur
→ Lesen des Plots

Ihr Grafiker beginnt mit dem Entwurf und Layout.
Farbe, Schrifttypen, Bildsprache, Cover, Buch- und Seitengestaltung sowie Reinzeichnung sind die Domäne des Grafikers. Wählen Sie einen Experten mit Schwerpunkt Buchillustration. Er kennt den goldenen Schnitt der Seiten, weiß um Farbbrillanz auf Papieren. Aber wie nur finden Sie den kreativen und dennoch markenorientierten Buchillustrator? Durch Empfehlung. Durch Recherche im Netz. Durch Gespräche und Sichten von Arbeitsproben.

Die Leistungen des Grafikers sind:

→ Layout für Covergestaltung, Titelei und Kapitel
→ Wahl der Schriften für Headlines und Fließtext sowie Bildunterschriften
→ Entwicklung der Bildsprache

- → Bildrecherche
- → Bildbearbeitung
- → Erstellen von Grafiken und Scans
- → Korrekturphasen inklusive Autorenkorrekturen
- → Erstellen der Druckansicht
- → Erstellen der Druckdaten und Kommunikation mit der Druckerei

Tipp

Vereinbaren Sie einen Pauschalpreis. Denn die Kosten explodieren schnell bei aufwändiger Bildbearbeitung oder längerer Bildrecherche. Zucken Sie also nicht zusammen, wenn der Pauschalpreis zunächst hoch erscheint. Ein solches Projekt birgt viele Gefahren bis hin zu langwierigen Korrekturdurchläufen.

Mit der Schriftwahl geben Sie Ihrem Unternehmen ein Gesicht im Buch. Vielleicht gibt es gar eine Hausschrift, die Sie für Briefe und Borschüren verwenden? Vielleicht benutzen Sie eine Corporate Font, um den Wiedererkennungswert zu steigern? Dann ist es sinnvoll, diese Schrift auch über die Buchseiten fließen zu lassen. Axel Kleynemeyer vom FontShop in Berlin weiß, was solch eigene Schriftkreationen kosten: „Das Entwickeln einer Exklusivschrift erreicht schnell einen fünf- bis sechsstelligen Bereich. Aber das muss nicht sein. Es gibt Lizenzschriften, für die lediglich kleine Lizenz- und Modifikationspreise anfallen. Die lassen sich leicht den individuellen Bedürfnissen anpassen. In Absprache mit dem Urheber kann mit wenigen Änderungen ein markantes Unternehmensbild durch Schrift entstehen.“

Aber Vorsicht: Nicht jede Schrift eignet sich für einen Buchtext. Serifenlose Schriften eignen sich für Headlines, nicht aber für seitenlange Texte. Sie bieten dem Leser keine Augenhaftung, sie führen ihn nicht entlang der Zeilen. Schriften mit Serifen hingegen führen das Auge in einer unanstrengenden Weise über die Zeilen. Mehr über Schriften finden Sie im Kapitel „Kreative Spielwiese oder feste Regeln?“.

Verwenden Sie für Ihr Buch mindestens zwei Schriftenkoffer, jeweils mit den Schnitten regular, bold und kursiv. Sie brauchen eine serifenlose Schrift für die Headlines und eine Serifenschrift für den Fließext. Einen schönen Schriftenmix ergeben zum Beispiel Calibri für die Headlines und Cambria für den Fließtext. Beide sind im Officepaket für Mac enthalten. Eine andere Kombination ist Quay Sans für die Headlines mit der Minion für den Fließtext. Diese beiden Schriften sind lizenzpflichtig, außer Ihr Grafiker hat sie in seinem Programm mit der Erlaubnis, sie für redaktionelle Zwecke zu verwenden. In diesem Fall würden Ihnen keine Kosten entstehen. Daher mein Rat: Lassen Sie sich Schriftproben zeigen, fragen Sie nach den Preisen, um dann zu entscheiden.

Ihr Drucker beginnt mit einer Beratung zu Format, Bindung und Papier

Einen erfahrenen Berater aus dem Bereich Offset-Druck an der Seite zu wissen ist ein Segen. Im günstigsten Fall wird er mit einem großen Koffer zu Ihnen kommen und vor Ihren Augen Formate, Farbigkeiten, Prägungen, Lackierungen und Papierqualitäten ausbreiten. Er wird Ihnen die verschiedenen Druckverfahren erklären.

Unternehmensbücher werden selten im Digitaldruckverfahren erstellt. Zum einen ist die Auflage von rund 2000 Exemplaren zu hoch, um sich zu rechnen. Zum anderen wird niemals echte farbliche Brillanz erreicht. Auch wenn viele anderes behaupten: Ein einigermaßen geschultes Laienauge erkennt den Unterschied. Dichte, Tiefe, Strahlkraft der Farben erreichen ein Optimum im Offset-Druckverfahren. Und ab 500 Exemplaren rechnet sich diese Entscheidung.

Es gibt weitere Gründe für eine frühzeitige Zusammenarbeit mit der Druckerei Ihres Vertrauens: Kaum eine Druckerei hält jede Papiersorte auf Lager. Das Gewünschte kommt auf Bestellung – und die muss Wochen vorher verschickt werden. Ebenso wird die Druckphase geplant, werden die Maschinen für Ihren Auftrag geblockt. Nicht selten ergeben sich Änderungen während des Arbeitsprozesses. Sie benötigen in Ihrem Zeitplan diesen Spielraum für Absprachen und Korrekturen.

Das Angebot Ihrer Druckerei beinhaltet:

➜ Angaben zur Auflagenhöhe des Buchs
➜ Angaben zum Format des Buchs

- → Hinweise zur Lieferung der Daten und deren Verarbeitung
- → Angaben zum digitalen oder Offset-Druckverfahren
- → Hinweise zu Cover, Vor- und Nachsatz- sowie Inhaltsseiten, Bindung und Veredelung
- → Definition zum Papier: Grammatur und Qualität
- → Hinweise zur Verpackungsart
- → Bestimmung der Lieferart und des Liefertermins
- → Detaillierte Terminplanung zu Auftragserteilung, Datenanlieferung, Plot beziehungsweise Insite-Link zur Druckfreigabe, Druckfreigabe, Lieferung

Exkurs: Wie finden die Leser mein Buch? Oder: Was bedeutet die ISBN?

Während der Beratung für Erstautoren fällt oft eine Frage, die auch für Unternehmen relevant ist: Wie finden Leser mein Buch? Der Schlüssel zum Buchmarkt ist eine 13-stellige Zahl, die ISBN. Diese Abkürzung steht für „International Standard Book Number". Diese Ziffernfolge ist die Grundlage für Ihren Eintrag in das Verzeichnis der lieferbaren Bücher, das Ordern Ihres Buchhändlers beim Großhandel Libri und die Präsentation bei Amazon sowie allen weiteren Online-Buchhändlern. Die Geschichte der ISBN geht zurück auf das Jahr 1970, als man befand, ein einheitliches System sei nötig, um Bücher zu identifizieren.

Beispiel

ISBN: 978-3-00-047173-5

978: Als Präfix definiert diese Zahl die EAN und steht für die internationale Produktbezeichnung, also für das Buch und sein Land. Es wird dem 10-stelligen Nummernstamm vorangesetzt.

3: Die Ländernummer gibt den Sprachraum des Buchs an, die 3 steht für Deutschland.

Die folgenden zwei Ziffern bezeichnen die Verlagsnummer, sie steht für den Verlag, in dem das Buch erscheint. 00 bedeutet: Selbstverlag des Unternehmens.

047173: Die Titelnummer steht individuell und einzigartig für Ihr Buch.

5: Eine letzte Prüfziffer schließt sich an.

Eine ISBN für Ihr Unternehmensbuch im Selbstverlag erhalten Sie für Deutschland bei der MVB Marketing- und Verlagsservice des Buchhandels GmbH, Agentur für Buchmarktstandards (www.mvb-online.de) zu einem einmaligen Preis von circa 85 Euro. Der Eintrag in die Liste der lieferbaren Bücher erfolgt mit gesonderter Titelmeldung ebenso über die MVB für etwa 79 Euro jährlich. Eine ISBN erscheint bei Unternehmensbüchern in der Regel auf der Titelrückseite, auf der Titelseite im unteren Drittel oder an einer anderen prominenten Stelle im Buch in einer Schriftgröße von mindestens neun Punkt.

Woche fünf bis 14: Der Text und das Layout entstehen

In diesen Wochen sichtet und liest Ihr Ghostwriter das Paket aus Dokumenten, Berichten, Notizen, Erzählungen, historischen Aufzeichnungen und Fotos aus vielen Jahrzehnten, Lebensläufen von prägenden Geschäftsführern, Hinweisen auf Persönlichkeiten, die Ihr unternehmerisches Wirken beeinflussten, sowie eine Übersicht über die Meilensteine von Beginn an sorgfältig. Er sieht sich das Manual zum Corporate Design, das Mission-Statement, alle Werbebroschüren, Geschäftsberichte, Mitarbeitermagazine, Marken- und Themenhefte an. Das alles haben Sie ihm gut sortiert und verschnürt übergeben. Daraus erarbeitet er ein Konzept, es ist die Essenz aus all dem, die Grundlage für das Buch.

Auch der Grafiker leistet viel. Er erarbeitet das Cover und das Seitenlayout, definiert die Bildsprache und die Kapitelwirkung. Noch erscheint Blindtext, aber Sie ahnen bereits, wie Ihr Werk aussehen wird. Sie merken: Das Corporate Design bestimmt die Seiten, Ihre Unternehmenspersönlichkeit ist sichtbar, Aufbau und Struktur wecken Spannung. Der Grafiker bittet Sie um eine erste Abnahme. Und im nächsten Schritt verschmelzen Text und Bild zu einem unverwechselbaren Corporate Publishing. Die Textzeilen laufen ein ins Layout, werden angepasst an das Format.

An manchen Stellen gähnen noch Weißräume. Nun erkennen Sie, ob Sie vielleicht das eine oder andere Stockfoto benötigen. Die Suche nach den Bildern beginnt. Verlassen Sie sich auf Ihren Grafiker. Er weiß, wo sich die Schätze verbergen. Und er weiß, wann Lizenzen anfallen. Diese sind unterschiedlich, je nach Größe, Medium und Auflage, in dem sie verwendet werden sollen.

Um ein Seitenlayout zu entwerfen, arbeitet der Grafiker mit einem sogenannten Blindtext als Platzhalter:

Lorem ipsum dolor sit amet, consetetur sadipscing elitr, sed diam nonumy eirmod tempor invidunt ut labore et dolore magna aliquyam erat, sed diam voluptua.

Sie können Wörter- und Zeichenzahl generieren, kopieren, so wie es Ihnen passt, unter: www.loremipsum.de

Woche 15 bis 18: die erste Korrekturfahne

Endlich. Sie sehen Ihr Buch, betextet und bebildert, Sie können es kaum erwarten, jede Seite im Zusammenhang zu lesen. Nehmen Sie sich lange Zeit, um sich zu fragen:

→ Stehen Bild- und Textanteil in einem stimmigen Verhältnis?

→ Ist ein Spannungsbogen erkennbar?

→ Liest sich der Text auch über viele Seiten leicht und verständlich?

→ Ergänzen sich Text und Bild über alle Seiten?

→ Erkennen Sie Ihr Corporate Design in der Gesamtansicht?

→ Welche Textpassagen sollten anders pointiert oder gar umgeschrieben werden?

→ Möchten Sie Headlines, Zwischenzeilen, Bildunterschriften oder Textkästen ändern?

→ Sind die Teaser überzeugend, verleiten sie dazu, in den Text einzusteigen?

→ Welchen Mehrwert könnten Sie dem Leser bieten, ein Glossar, ein weiteres Seitenregister oder eine farbliche Leitlinie?

→ Möchten Sie ein Kapitel streichen und durch eine andere Textsorte ersetzen, zum Beispiel durch ein Interview?

→ Gefällt Ihnen die Farbigkeit im Buch?

Alles ist in dieser Phase möglich. Greifen Sie zum Rotstift und streichen Sie ungeniert an, was Ihnen nicht gefällt. Dazu ist jetzt die richtige Zeit. Später, wenn Ihr Werk in den Händen des Lektors war, die Korrekturen abgeschlossen sind und bereits eine Druckansicht erstellt ist, gestaltet sich jede Änderung mühsam, aufwändig und vielleicht gar kostenintensiv.

Woche 19 bis 20: Lektorat, Schlusskorrektur und zweite Fahne

Machen Sie es nicht wie Till Ahlfeld aus unserer Geschichte, der unbedingt sparen will. Er fährt mit seinem Stift am Seitenrand der Kalkulation entlang. Da. Das kann er streichen! Seine Augen leuchten und ein dicker roter Strich stört auf dem Papier. „Ole!", ruft er durch die offene Tür ins Nebenbüro. „Ole, komm mal bitte rüber. Ich habe gespart. Ich habe den Lektor gestrichen."

Glauben Sie mir, jedes Fehlerchen wird zum Ärgernis, springt ins Auge und entstellt die Gesamtwirkung, gräbt sich tief und schwarz ein in das edle Papier. Für alle Zeiten. Leisten Sie sich den Lektor. Geben Sie ihm die Korrekturfahne mit der klaren Auflage, auf Rechtschreibung, Grammatik, Syntax, Bild-Text-Wirkung, inhaltliche Logik hin zu lesen. Sie werden sich wundern, wie viele Änderungen den Text und wie viele Kommentare den Rand zieren, obwohl Sie dachten, alles sei gut.

Bevor der Grafiker die druckfähige Vorlage an die Druckerei sendet, erhalten Sie noch einmal das Cover und jede Buchseite zur Ansicht. Nach allen Regeln der Kunst dürften nun keine Fehler mehr zu finden sein, aber: Bitte lesen Sie noch einmal das Buch von vorne bis hinten durch.

→ Betrachten Sie das Cover und den Buchrücken.
→ Kontrollieren Sie noch einmal das Impressum und die ISBN.
→ Nehmen Sie sich drei, vier Stunden Zeit.

Es empfiehlt sich, nicht nur abzugleichen, ob die Korrekturen richtig ausgeführt wurden. Denn leider ist es eine Wahrheit, dass mit jeder Korrektur neue Fehler entstehen können. Ich habe erlebt, dass Unternehmer, die ansonsten mit großen Gesten frei denken, bei einem kleinen Fehler in ihrem Corporate Book eine kleinliche Buchhaltermentalität entwickeln oder in wahre Wuttiraden verfallen. Deshalb lesen Sie. Schlagen Sie sich, wenn nötig, eine Nacht am Schreibtisch um die Ohren mit dem Spot Ihrer Lampe auf das Buch. Und erst wenn Sie am nächsten Morgen ein gutes Gefühl haben, setzen Sie Ihr Zeichen zur Freigabe.

Woche 19 bis 20: Druckarbeit

Auch die Druckerei sichtet und korrigiert. Sie kontrolliert zum Beispiel die Definition der Farben und deren Wirkung, die Konturen der Bildränder, die

Seitenumbrüche sowie die Platzierungen der Headlines und Zwischenüberschriften. Sie erstellt einen ersten digitalen Ausdruck Ihres Buchs, den Plot. Achten Sie beim Blättern auf die Reihenfolge der Seiten, die Umbrüche der Spalten, die Platzierung der Fotos, die Abstände zwischen den Zeilen, die Bildunterschriften. Richten Sie Ihr Augenmerk vor allem auf die kleinen Zettel, mit denen die Druckerei all jene Seiten markiert, die aus ihrer Sicht nicht optimal wirken. Besprechen Sie die Änderungen mit Ihrem Grafiker, er wird sie einpflegen, bevor er die druckfähigen Daten erstellt und hochlädt.

Achtung

Ein Plot eignet sich nicht, um Absätze zu verschieben, Fakten zu ändern, Farben neu zu wählen, Fotos auszutauschen, denn ab diesem Moment entstehen Zusatzkosten für jede noch so kleine Änderung.

Sie sind kurz vor dem Ziel. Nur eine einzige kleine Etappe trennt Sie vom Buch. Der Andruck. Die Druckerei lädt Sie ein, die ersten 20 Seiten zu begutachten. Verabreden Sie sich mit Ihrem Grafiker und stellen Sie sich neben die Maschine. Ihr Drucker erklärt gerne, wie die Farben definiert, die Rollen oder Platten erstellt werden, wie das Papier in Ihrer gewählten Qualität zur Buchseite geschnitten wird. Ist die Farbe brillant, der Druck ohne Schlieren und Schatten? Sehen Sie scharfe Bildkonturen? Sind Sonderfarben korrekt? Und dann, dann endlich geben Sie die Druckfreigabe. Herzlichen Glückwunsch.

Was nun folgt, spielt sich im Hintergrund ab. Die Seiten werden gedruckt, beschnitten, geheftet, gecovert. Das Buch wird verpackt, verladen, versendet. Es landet rund zwei Wochen danach in einer Auflage von meistens 2000 Stück in Ihrer Poststelle, verpackt in 40 Kartons à 50 Bücher.

Phase sechs: Marketing und Versand

Geschafft. Sie halten Ihr Buch in den Händen, es ist Ihr Werk. Sie dürfen stolz sein, denn damit sind Sie in die Königsklasse der Unternehmenskommunikation aufgestiegen. In dieser Liga spielt nicht jeder. Besonders Inhaber traditionsreicher Unternehmen spüren diese emotionalen Sekunden. Mit dem Aufschlagen des Buchs laufen die Leistungen, die manchmal ein ganzes Leben prägen, wie im Zeitraffer ab. Dieses Werk hält sie fest. Schwarz auf Weiß und in Farbe. Mit der richtigen PR wird es seine Leser finden.

→ Informieren Sie zuerst Ihre Mitarbeiter.
→ Zelebrieren Sie die Buchpräsentation im Unternehmen. Mit Sekt. Mit Staunen.
→ Erzählen Sie von der Idee zum Buch. Geschichten prägen sich ein und stellen Nähe her.
→ Sagen Sie, was schieflief, was gut war, was Sie gelernt haben.
→ Danken Sie Ihren Mitarbeitern. Die leben Ihre Unternehmenskultur, die haben dieses Projekt erst ermöglicht. Wenn Sie jetzt die richtigen Worte finden, entsteht Gänsehautgefühl. Dann werden die Augen groß, die Herzen weit, dann wird dieses Buch einen Ehrenplatz in den Bücherregalen finden.

Das Einmaleins der Buch-PR

→ Stellen Sie einen Presseverteiler regionaler Medien aus Print, TV und Rundfunk zusammen.
→ Senden Sie eine Presseinformation mit Foto an die Lokalredaktion Ihrer Zeitung. Die kennen Sie persönlich, da ist die Aufmerksamkeit hoch.
→ Bieten Sie Ihrem Lokalrundfunksender ein Gespräch an. Sie sind Arbeitgeber am Sendestandort, feiern Ihr Jubiläum und richten mit Ihrem Unternehmensbuch den Blick auf Ihre Geschichte und Ihre Leistung. Darüber hinaus bringen Sie Ihre gesellschaftliche Verantwortung zur Sprache. Grund genug, darüber vor Publikum zu reden.
→ Schreiben Sie einen Text zum Buch auf Ihrer Website und posten Sie den Link durch Ihre Social-Media-Kanäle.
→ Fragen Sie nach Rezensionen in Fachmedien Ihrer Branche. Dort finden Sie Leser, die Ihr Buch interessiert.

Pressearbeit im Großformat

Zusätzlich zu Ihrer klassischen Pressearbeit, wie im Kapitel „Pressetexte: was Journalisten wollen" beschrieben, können Sie noch einen Schritt weiter gehen und Ihr Unternehmensbuch einem großen Verteiler präsentieren.

Professionelle Pressedienste sind spezialisiert auf die Verbreitung von Medieninhalten. Für rund 350 Euro versendet zum Beispiel news aktuell eine Pressemitteilung via Satellit an ein Netzwerk aus Medien und Entscheidern. Tausende Verantwortliche aus Redaktionen, Fachbranchen, Nachrichtenportalen und Social-Media-Plattformen lesen Ihre Pressemitteilung in Echtzeit. „Alle Inhalte finden sich auf der reichweitenstarken Plattform presseportal.de wieder, mit vier Millionen Visits pro Monat", erklärt Jens Petersen, der Leiter der Unternehmenskommunikation von news aktuell, einem Unternehmen der dpa-Gruppe. Das ist eine nicht ganz preiswerte Art der Pressearbeit, aber ein größerer Radius lässt sich kaum erzielen. Für einen Aufpreis werden digitale Pressemappen mit Text, Coverbild und Probeseiten verbreitet.

Edel verpackt und mit einem Lächeln verschenkt

Zwar soll sich Ihr Buch möglichst refinanzieren, aber es an ausgewählte Personen zu verschenken kann eine kluge Geste sein. Geben Sie Ihr Buch wie das wertvollste Geschenk weiter, das Sie jemals überreicht haben. Vielleicht in einem Schuber, in einer Kartonage und immer mit einer kleinen Geschichte zur Idee, die den Stolz auf diese Chronik von der Gründung bis zur Gegenwart erahnen lässt. Ein kostenfreies Exemplar erhalten die folgenden Personen.

→ Ihre Mitarbeiter: als Anerkennung für ihr tägliches Engagement, das oftmals über alle Pflichteinsätze hinausgeht, überreicht mit einem persönlichen Dankesschreiben von Ihnen. Das verbindet auf emotionaler Ebene.

→ Treue Kunden: Kundenbeziehungen aufbauen, ausbauen, pflegen – das ist der Dreiklang einer klugen Überlegung. Wie viel Aufmerksamkeit werden Sie gewinnen, wenn Sie treuen Kunden Ihr Buch schenken. Einfach so. Als Dankeschön.

→ Potenzielle Kunden: Sie wollen umworben werden, sonst entscheiden sie sich für Ihre Mitbewerber. Mit einem Buch als Geschenk locken Sie geradezu die Menschen aus der Reserve – und präsentieren sich als wertschätzenden Partner.

→ Journalisten: Vielleicht schreiben sie darüber. Vielleicht erzählen sie es weiter. Vielleicht werden sie irgendwann das Wissen aus dieser Lektüre verwenden.

→ Der Bürgermeister: Er schätzt Sie als Arbeitgeber in der Stadt, als Sponsor für so manches gesellschaftliche Event. Er wird Ihr Buch gerne als Lektüre in seinem Empfangszimmer auslegen.

→ Geschätzte Gäste: Als guter Gastgeber bieten Sie ein Incentive zum Abschied. Das Unternehmensbuch wird noch lange Zeit die Erinnerung an ein gemeinsames Gespräch wachhalten.

Sie möchten Ihr Buch verkaufen

Verschenken Sie Ihr Buch. Oder verkaufen Sie es. Beides kann sinnvoll sein. Wenn Sie Ihr Buch für Geld an den Leser bringen wollen, können Sie mit Libri zusammenarbeiten. Je nach Vertrag können die Buchhandlungen Ihr

Corporate Book direkt bestellen. Oder: Sie hinterlassen bei Libri eine Notiz, dass Ihr Corporate Book in Ihrem Unternehmen zu erwerben ist. Und mit einem kleinen Zusatzvertrag erscheint Ihr Buch auch bei Amazon. Den Preis übrigens legen Sie selbst fest. Corporate Books kosten zwischen 29 und 79 Euro, je nach Gestaltung, Qualität und Markenwert.

Kleines Glossar rund ums Buch

Ihr Team verwendet Fachbegriffe, damit keine Missverständnisse aufkommen. Sie als Projektleiter sollten die wichtigsten kennen.

Antiqua	Serifenschriften mit gerundeten Bögen
Bildunterschrift, BU	Erläuternde Textzeile unterhalb eines Fotos; eine BU ist besonders bedeutsam, da der Leser über Bild und BU den Texteinstieg findet
Blindtext	Meist lateinischer Text, der die Layoutvorgabe füllt, damit ein erster Gesamteindruck entsteht
Blocksatz	Der Text läuft links- und rechtsbündig
Broschur	Flexi-Umschlag
Buchblock	Inhalt eines Buchs
Bund	Mittlerer, weißer Streifen zwischen zwei Seiten
CMYK	Vier Druckgrundfarben: Cyan (helles Blau), Magenta (helles Purpur), Yellow und Black
Dachzeile	Erste von drei möglichen Überschriften; es folgen Headline und Subline
Dummy	Fertigkonzipierter Entwurf mit Blindtext und Fotos versehen
Durchschuss	Zwischenraum zwischen den einzelnen Textzeilen
DTP, Desktop-Publishing	Druckgerechte Gestaltung der Seiten
Fadenbindung	Edelste und stabilste Form der Heftung durch Nähen und Kaltleimen
Fett, halbfett	Verdicken der Buchstaben
Flattersatz	Text endet am rechten Zeilenrand offen, also nicht bündig

Fließtext	Reiner Textteil eines Artikels ohne Überschriften und Zwischenzeilen
Freisteller	Freigeschlagenes Motiv – aus dem Hintergrund „herausgeschnitten" und mit hervorgehobener Wirkung
Grotesk	Serifenfreie, lineare Schriften
Hardcover	Stabilste, laminierte Umschlagkartonage
Initial	Ein größerer erster Buchstabe markiert den Textanfang
ISBN	13-stellige International Standard Book Number
Kasten	Mit Linien umrahmte Hervorhebung
Kursiv	Schrägstellung der Buchstaben
Layout	Seitengestaltung
Legende	Wörtliche Erklärung zu einer Grafik
Marginalspalte	Rechte und linke freigeschlagene Randfläche auf einer Seite
Paginieren	Einfügen der Seitenzahlen im Buch
Pixel, Bildpunkte	Farbwerte einer digitalen Rastergrafik
Punkt	Angaben zur Höhe einzelner Buchstaben, also Angabe zur Schriftgröße
Regular	Normalschrift
Schriftenkoffer	Verschiedene Ausführungen einer Schriftart
Spalten	Anzahl der Zeichen in einer Zeile (meist 30 bis 60 Zeichen pro Zeile)
Stehsatz	Druckfertiger Beitrag
TIFF, Tagged Image File Format	Häufig benutztes Format zum Versand von Bilddateien
Veredeln	Zumeist Hervorhebungen auf dem Cover durch Stanzen, UV-Lack, Prägung
Versalien	Großbuchstaben
Weißraum	Bereiche der Seiten, die nicht mit Text, Bild oder Grafik bedruckt sind, sondern als luftige Komponente wirken
Zwischenzeilen	Gefällige Unterbrechung langer Texte, optisches Stilelement

Kapitel 3

Texten mit Technik

Sitzen Sie vor einem Schreibberg und raufen sich die Haare? Fragen Sie sich, wie Sie die vereinbarte Deadline halten können? Es geht. Das verspreche ich Ihnen. Mit der richtigen Technik und Selbstmotivation werden Sie Ihre Aufgabe lösen, Schreibblockaden vermeiden und Ihrem Text den Feinschliff geben, damit er funkelt wie ein Glanzstück auf dem Papier. Wie Sie das schaffen, lesen Sie in diesem Kapitel.

Arbeitsmethoden für kleine Texte und große Projekte

Drei Merkmale prägen Ihre Unternehmenstexte: Ehrlichkeit, Verbindlichkeit, Freundlichkeit. Und dazwischen gibt es Räume, die Sie im Sinne Ihrer Corporate Identity gestalten können, sodass Sie Ihren Leser berühren.

Unternehmenstexte pointieren Ihre Erfolge und Ihre Niederlagen. Sie erzählen von Ihren Werten und entwerfen Perspektiven. Sie sind das Mittel der Wahl, um die interne und externe Kommunikation zu stärken. Gemeinsam mit Ihren Mitarbeitern nutzen Sie die ganze Bandbreite von der E-Mail bis zum Geschäftsbericht. Mit jeder Zeile zeigen Sie sich, pflegen Ihr Image, festigen Beziehungen. Alles, was Sie verfassen, ist für die Öffentlichkeit bestimmt. Das kann beflügeln oder hemmen. Sie können an diesen Aufgaben wachsen oder aus Angst vor Kritik resignieren.

Ich ermuntere Sie in diesem Kapitel, Berührungsängste zur Seite zu schieben und freudvoll zu schreiben. Lockern Sie sich, greifen Sie in Ihre Wortschatzkiste und arbeiten Sie mit Technik. Und wenn Sie die Orientierung verlieren, beherzigen Sie einen altbewährten Coaching-Rat. Meine kleine Geschichte erzählt davon:

Wort für Geld

Ich erkenne im Business einen Trend. Seine Quelle entsprang einst den Chefetagen, tropfte leise von Tür zu Tür der Führungsmannschaft und strömt mittlerweile auf allen Ebenen, wellenreich und laut. Der Trend ist kein Geheimtipp mehr, sondern gehört längst zum Lifestyle. Er wird nicht mehr geflüstert hinter vorgehaltener Hand, vielmehr gilt sein Ansinnen als salonfähig. Ich verrate ihn gerne, denn er kommt als Problemlöser für alle Fälle daher, als stärkender Beitrag zum Selbstwertgefühl. Er kann von Arbeitsdruck und Schlaflosigkeit befreien, den Appetit wieder anregen und die chaotische Tagesstruktur sortieren. Der Tipp lautet: Coaching. Wenn Sie dieses Schlagwort in Google eingeben, dürfen Sie aus rund 1.370.000.000 Einträgen wählen, die sich im Bereich Beratung und Begleitung im Berufsleben als Treffer ergeben.

Wer heute etwas auf sich hält, der nimmt hin und wieder 100 Euro in die Hand und findet mit einem Experten für Selbst-, Zeit- und Beziehungsmanagement jene Strategien, die ihm helfen, Probleme zu benennen und Ziele zu erreichen. Nun könnten Sie sich an dieser Stelle fragen, was der Tipp zum Coaching mit Arbeitstechniken für Unternehmenstexte gemein hat? Viel. Denn eines der probatesten Mittel, die Coaches einsetzen, ist die Schriftlichkeit. Sollten Sie bereits Erfahrung in dieser Disziplin gesammelt haben, werden Sie mir zustimmen: Spätestens nach dem zweiten Gespräch, nachdem das Kennenlernen vorüber und das Planen beendet ist, lehnt sich der Coach zurück. Er verschränkt die Arme vor der Brust, sieht Sie mit leicht schräg geneigtem Kopf an, vielleicht schlägt er gar das rechte Bein über sein linkes. Diese Geste ist eindeutig. Ihr Coach denkt. Sein Blick wandert von Ihren Augen zum Arbeitsblatt auf dem Tisch. Stille entsteht. Währenddessen tickt die Uhr und Sie denken an die dahinfließenden Minuten, jede rund 1,60 Euro netto wert. Nach gefühlten fünf Minuten löst Ihr Coach die Körperspannung, sein Gesichtsausdruck wird milde. Eine Idee scheint seine Gedanken in Wohlgefallen zu tränken: „Schreiben Sie doch einmal auf, wo Sie stehen und wohin Sie wollen, was Sie von mir erwarten." Der Klient schätzt den Rat, würde am liebsten den Stift zücken und sein Geld gleich an Ort und Stelle in Wörter verwandeln.

Wir schreiben mit Frohsinn, wenn wir unsere Ideen ungefiltert und unsortiert auf ein weißes Blatt Papier denken können. Dann kennen wir keine Blockaden und schon gar keine Ängste. Tagebücher, Traumtexte, Urlaubsnotizen, all das geht leicht von der Hand und so manch einer staunt, wenn er seine Aufzeichnungen später noch einmal liest. Wahre Wortkünstler zeigen sich, die mit Spontaneität über Einstieg, Pointe und Schluss einen Spannungsbogen zeichnen. Und nach dem letzten Punkt auf dem Blatt, mit einem kleinen Seufzer nach konzentrierter Arbeit steht das gute Gefühl, sich selbst nah zu sein. Ein kluger Coach nutzt dieses Wissen und startet mit Schreiben in die Beratung. Damit motiviert er seine Klienten für weitere Aufgaben. Und vielleicht legt er Stärken offen, die im Arbeitsalltag kaum sichtbar werden.

Schreiben als mentales Training

Unternehmenstexte sind öffentlich. Das allein lässt die Ehrfurcht wachsen und die Lust am Schreiben schwinden. Darüber staune ich in meinen Seminaren zu Business-Texten immer wieder. Wenn ich die Teilnehmer bitte, mit leichter Hand und einem Lächeln in die Tasten zu hämmern, dann schütteln sie kaum sichtbar die Köpfe. Sie heben die Schultern an und allein diese Haltung verkrampft. Auf mein Warum antworten einige: „Wir schreiben seriös." Natürlich, da haben sie recht, aber das können sie ebenso in bequemer Haltung und vor allem mit positiven Gedanken. Ich finde, wer streng denkt, der schreibt gehemmt. Deshalb empfehle ich gern eine kleine Übung zum Einsteigen ins Texten, jenes Warming-up, das die Muskeln elastisch macht, den Herzschlag erhöht und am Ende die Augen strahlen lässt. Ich bin genau wie ein Coach der Meinung, dass schnelles Schreiben unter Zeitdruck die Gehirnwindungen entknäuelt und den Stoffwechsel in Schwung bringt. Poweryoga beginnt mit einer Atemübung, Gesang mit einer Stimmübung. Ein Businessprojekt beginnt mit einer Wortübung, mit kleinen Sequenzen, die Impulse liefern für die große Leistung.

Starten Sie also vor herausfordernden Unternehmenstexten mit einem fünfminütigen Schreiben – ich nenne es **Themenschreiben**. Diese Kreativtechnik ist im Business lang erprobt und wird von Didaktikern seit Jahrzehnten unter verschiedenen Namen empfohlen. Ziel der Übung ist das Texten im Fluss, das Fokussieren auf das Thema ohne Berührungsängste. Wie das geht, erfahren Sie jetzt.

Sorgen Sie für Ruhe

Schließen Sie die Tür. Stellen Sie das Mail-Programm aus und das Telefon lautlos. Sie brauchen Ruhe für Ihre Konzentration. Das gilt für jede Schreibeinheit, denn jede Unterbrechung bringt Sie mental von Ihrem Thema ab und raubt 15 Minuten Ihrer Zeit.

Nutzen Sie Stift und Papier

95 Prozent der Texte tippen wir auf der Tastatur oder auf den Displays von Tablets und Smartphones. Fast scheint das Schreiben mit einem Stift auf Pa-

pier wie ein Relikt aus vergangenen Tagen. Dabei arbeiten Sie konzentrierter, wenn Sie handschriftlich sprinten. Sie spüren den Buchstabenschwung durch den Stift, Sie berühren das Papier, Sie nehmen eine typische Schreibhaltung ein. Außerdem kann das Schreiben auf Papier eine Abwechslung sein und an unbekümmerte Kindertage erinnern, als Schreiben noch Spaß gemacht hat.

Formulieren Sie Ihr Thema

Der Sinn der Übung ist, dass Sie sich auf die Inhalte einstimmen. Die Überschrift setzt den Anker, das verhindert gedankliche Spaziergänge. Mit einem kurzen Blick auf diese erste Zeile, auf Ihr Thema, kehren Sie schnell zu Ihrer Aufgabe zurück. Es geht ums Fokussieren, nicht ums Phantasieren. Finden Sie also eine Überschrift, die passt, zum Beispiel:

→ Geht es in den Briefen um Reklamationen? Dann übertiteln Sie das Blatt mit „Wie ich Kundenbeziehungen stärke".

→ Geht es in Ihrem Magazintext um das Sommerfest? Dann wählen Sie die Überschrift „Wie wird das Fest für die Mitarbeiter zu einem Jahreshighlight?".

→ Geht es im nächsten Meeting um die Abschaffung der Stempeluhr? Dann schreiben Sie „Über Pflicht und Vertrauen".

Legen Sie los, die Zeit läuft

Themenschreiben erfordert Kraft und Konzentration. Halten Sie sich Ihr Ziel vor Augen, auch unter Zeitdruck. Schreiben Sie völlig unstrukturiert alles auf, was Ihnen zum Thema einfällt.

→ Vergessen Sie einen roten Faden.

→ Allein Ihre Gedanken bestimmen die Reihenfolge der Sätze.

→ Achten Sie nicht auf Rechtschreibung. Spüren Sie, wie befreit es sein kann, Groß- und Kleinschreibung, Getrennt- und Zusammenschreibung sowie alle Regeln der Grammatik zu vergessen.

→ Lassen Sie Ihre Gedanken blitzen und bringen Sie sie zu Papier.

→ Einmal geschrieben, gibt es kein Zurück. Schreiben Sie sich vorwärts, und zwar mit Tempo.

→ Widerstehen Sie jedem Drang zu pausieren, zu verbessern, abzuwägen.

Es gibt keinen Korrektor, keine Wertung. Was immer Sie schreiben, es ist gut. Und haben Sie Mut zur Lücke: Fällt Ihnen ein Wort nicht ein, so machen Sie drei Punkte und fahren fort.

Tipp

Ich weiß, das ist anstrengend, und fünf Minuten können eine kleine Ewigkeit sein. Ja, Ihnen schmerzt die Hand und Ihnen geht die Puste aus. Das geschieht nach ungefähr drei Minuten. Halten Sie durch. Verschieben Sie Ihre Leistungsgrenze. Sie werden merken, wie Endorphine Ihre Synapsen im Gehirn umkreisen, wie Sie den Schmerzpunkt überwinden und die Buchstaben locker und frei fließen.

Gut gemacht! Lesen und bündeln Sie Ihre Gedanken

Damit Sie einen wirklichen Mehrwert für Ihre weitere Arbeit erzielen, bearbeiten Sie Ihren Sprinttext.

→ Unterstreichen Sie die Kernworte. Sie sind die Ausgangspunkte zum Weiterdenken, zum Auffächern des Themas.
→ Bündeln Sie Textpassagen mit unterschiedlichen Farben.
→ Manche Gedanken erscheinen an unterschiedlichen Stellen. Zusammengeführt ergeben sie einen Hinweis auf Ihre Prioritäten.

Sie werden staunen: Oftmals finden sich durch diese Technik Lösungen, an die Sie vorher gar nicht gedacht haben.

Ziehen Sie Ihr Fazit

Das Themenschreiben vor einem Projekt ist privat, dies macht seinen Charme aus. Kein Kollege sieht Ihnen über die Schulter, kein Chef rümpft die Nase. Nutzen Sie diese Methode vor Redaktionssitzungen oder Projektbesprechungen. Derart vorbereitet können Sie einer Diskussion um das nächste Unternehmensmagazin eine frühe fokussierte Bedeutung geben.

→ Ziehen Sie einen Schlussstrich unter den Text.
→ Schreiben Sie einen persönlichen Motivationsspruch, einen Leitsatz für das Projekt oder ein Argument für Ihr Statement an das Seitenende. Sie sollten

sich mit diesem Satz unter dem Strich wohlfühlen. Er kann Mut machen und Zuversicht ausdrücken, er kann Ihrem Projekt eine Richtung geben.

- Ein Motivationsspruch für Ihre Kundenbriefe kann lauten: „Egal wie heftig der Kunde meckert, ich bleibe sachlich und freundlich."
- Ein Argument für den Beitrag Sommerfest im Magazin könnte sein: „Die Kollegen schuften das ganze Jahr. Jetzt sollen sie feiern, bis es hell wird. Darüber berichten wir in Wort und Bild."
- Ihr Argument in Sachen Arbeitszeitkontrolle könnte sein: „Kontrolle ist gut. Aber Vertrauen ist besser. Ich bin gegen Stechuhren im Unternehmen."

Unternehmenstexte sind anders als Traumnotizen beim Coach

Sie haben es 1000-mal erfahren: In dem Moment, in dem Sie wissen, dass Ihr Wort veröffentlicht wird, schalten Sie einen Gang zurück und bewältigen die Schreibstrecke nur noch im Zeitlupentempo. Sie setzen jeden Schritt mit Hemmung und würden sich lieber verstecken, als sich auf dem Podest zu verbeugen. Das ist schade. Denn erstens ist Angst ein schlechter Ratgeber und zweitens zeigt dieses verhaltene Schreibmuster, dass Sie sich einmal vor Augen führen sollten, was ein guter Unternehmenstext beim Leser bewirken soll.

Vertrauen gewinnen
Das erreichen Sie nicht mit Satzbausteinen und Floskeln. Sie brauchen

→ die Klarheit der These,
→ Struktur im Text,
→ Freundlichkeit in der Schreibstimme.

Kompetenz zeigen
Sie sitzen auf Ihrem Stuhl im Büro, weil Sie gut im Job sind. Vorgesetzte und Kollegen loben Ihr Fachwissen und die Art, wie Sie die Philosophie des Unternehmens kommunizieren. Sie selbst achten die Leistung der anderen und denken ressortübergreifend. Sie liefern Lösungen, statt Probleme zu diskutieren. Sie

begegnen anderen mit Empathie und dem Willen, aus jedem Arbeitstag das Beste zu machen: Transportieren Sie diese Einstellung in Ihren Texten

→ mit verständlichen Worten,

→ mit stimmigen Argumenten,

→ mit einer differenzierten Denkweise und Verständnis für den Leser sowie

→ mit einer leichten Note selbst bei schwierigen Inhalten.

Werte spiegeln

Ihr Unternehmen ist einzigartig. Sie sind stolz, hier zu arbeiten. Es herrscht ein wertschätzender Geist zwischen den Mitarbeitern und gegenüber all jenen, die sich außerhalb der Tore bewegen. Die Kultur ist von Transparenz und Leistung geprägt. Sie ist frei von Vorurteilen. Sie hadert nicht mit der Vergangenheit, sondern versteht es, aus Fehlern neue Erkenntnisse zu ziehen und diese in eine Zukunftsstrategie einzubauen. Mehr als der Tageserfolg zählt die langfristige Perspektive. Das alles spiegelt sich in der Kommunikation wider, sie ist Ihr Instrument, um die Unternehmenspersönlichkeit sichtbar zu machen und zum Strahlen zu bringen. In jedem Text, den Sie veröffentlichen. Mitarbeiter, die sich mit Ihrem Unternehmen identifizieren, leben das Mission-Statement, statt es lediglich auswendig zu lernen.

Für mich ist das die Voraussetzung für gefühltes Glück im Job und ich könnte niemals sein, wo meine Wertehaltung nicht der Unternehmenskultur entspricht. Wo könnten Sie diese besser ausdrücken als in Ihren Texten? Es ist einfach zu sagen „Wir sind ehrlich und verbindlich", doch allein die Aussage schafft keine Tatsache. Das Gleiche gilt für Formulierungen wie „Wir sind die Besten" oder „Wir setzen uns ein für eine gesunde Natur". Auch diese Behauptungen reißen keinen Kunden vom Hocker. Sie müssen erklären, was Sie tun, wie Sie es tun, wann und warum Sie es tun. Sie müssen Ihre Taten in Geschichten hüllen. Dann verbinden sich Information und Emotion.

Stil beweisen

Wie erfrischend, wenn Sie Ihre Texte mit eigenem Stil schreiben. Die Leistungen und Werte des Unternehmens bilden den Rahmen. Und dazwischen dürfen Sie auf den Zeilen tanzen. Stellen Sie sich Ihren Leser vor, wenn Sie tippen. Überlegen Sie, wie er denkt, fühlt, spricht. Und dann begeben Sie sich auf Augenhöhe. Ich kenne einige Autoren, die setzen sich einen Teddybären als Stellvertreter für den Leser auf den Schreibtisch. So lässt es sich leichter in seine Richtung lächeln, zwinkern und nicken. Im Unterbewusstsein wächst das Verständnis für seine Wünsche und Nähe entsteht.

Als Mitarbeiter einer Versicherungsagentur können Sie nach einer Schadensmeldung leichter Bedauern aussprechen und Zuversicht äußern, wenn Sie ein klares Bild von Ihrem Leser haben. Sie können beschließen, ihn zu mögen. Sie können ihm versprechen, dass sich alles regeln wird und er nun seine Nerven schonen kann. Sie können ihm das gute Gefühl geben, dass er einen starken Partner an seiner Seite hat. Wichtig bleibt nur: Was Sie schreiben, müssen Sie auch in Taten umsetzen.

Als Autorin eines Mitarbeiter-Magazins stehen Sie zwischen Baum und Borke. Sie kennen einerseits die Ansprüche der Kollegen, andererseits haben Sie Vorgaben von der Geschäftsführung. Das eine sind die Fakten, die die Unternehmensstrategie definieren, das andere sind Gerüchte, die Stimmungen aufheizen, wenn es um die Frage geht: Stechuhr – Ja oder Nein?

In einem Fall wie dem zweiten Beispiel nennen Sie die Fakten sachlich und die Einwände der Mitarbeiter emotional. Ein Trick: Lassen Sie andere sprechen. Die wörtliche Rede ist ein kluges Stilmittel, um selbst als Autor neutral zu bleiben und dennoch einen Text mit Stimmung zu färben. Das könnte für die Autorin und ihren Beitrag zur Arbeitszeiterfassung folgendermaßen aussehen:

Der Personalrat hat entschieden: Ab 1. Januar wird gestempelt. Jede Minute wird registriert. Da entfällt das Addieren am Monatsende. „Alles läuft nun automatisch", freut sich Dr. Großmann. Rosemarie Ebert kontert: „Wir sind keine Fabrik. Wir wollen nicht in die Zeit der Industrialisierung zurück und auch keinen Überwachungsapparat. Wir wollen Freiheit und Vertrauen." Die Kontroverse verlief laut und am Ende einigten sich Personal- und Betriebsrat auf eine Probezeit von drei Monaten.

Sympathie gewinnen

Jeder Text, der Ihr Unternehmen verlässt, schärft Ihr Image. Oder kratzt daran. In einer Forsa-Umfrage im Auftrag der Silverpop Systems GmbH ist im

April 2013 zu lesen: „Konsumenten wünschen sich relevanten, individuellen Content – doch ersticken in der Informationsflut." Inhaltslose Werbung nervt. Die Befragten hätten gerne relevante Information und eine Ein-zu-eins-Kommunikation. Ein Brief kommt diesem Wunsch nahe, wenn er diese Kriterien erfüllt:

→ Im Zentrum steht der Leser.
→ Sie begrüßen ihn persönlich wie mit einem Handschlag in der Anrede.
→ Sie konzentrieren sich auf das Gespräch, dessen Thema Sie am Anfang nennen.
→ Sie gehen auf seine Bedenken ein und bieten ihm Lösungen.
→ Sie bleiben bei ihm bis zum Schluss, indem Sie noch einmal das Wichtigste zusammenfassen.
→ Sie verabschieden sich mit dem Versprechen, sich bald wieder zu melden.
→ Sie bleiben erreichbar, wenn er Sie braucht.

Den Leser unterhalten

Fühlen Sie sich wohl, wenn Ihr Gesprächspartner Ihnen nicht in die Augen sieht? Ich bin mir sicher, Sie finden ein solches Verhalten unhöflich. Sie verabschieden sich ärgerlich. Das macht auch Ihr Leser, wenn Sie ihn nicht wahrnehmen, nicht auf sein Thema eingehen. Er zerknüllt Ihren Brief. Der Leser Ihrer Texte will keinen Smalltalk und auch keine Lobeshymne auf Ihr Unternehmen hören. Er will Fakten mit kleiner Dramaturgie, geschrieben nur für ihn.

Rühr mich nicht an

Untersuchungen belegen: Je besser Mitarbeiter ihr Tätigkeitsfeld kennen und in einem Gesamtkontext betrachten, desto einfacher fällt es ihnen, über Unternehmensthemen zu referieren und zu schreiben. Deshalb ist eine transparente Kommunikation, die bei den Mitarbeitern beginnt, essenziell. Medien und Kunden sind zweitrangig. Interne Information findet vor der externen statt. Wer diese Regel verletzt, darf sich nicht wundern, wenn Mitarbeiter nachlässig arbeiten, das Engagement sinkt und es in der Gerüchteküche brodelt. Mitarbeiter, die Unternehmensnachrichten erst aus der Zeitung erfahren, kündigen auf Dauer innerlich. Sicherlich erinnern Sie sich an die fatale Kommunikationsstrategie von Siemens, Nokia und Opel, an verzweifelte Menschen, die den Verantwortlichen ihre Wut mit Transparenten zeigten. Ich kann mir keine größere Distanz zwischen einem Unternehmen und seinen Mitarbeitern vorstellen, als sich in diesen Szenen widerspiegelt. Eine frühzeitige und ehrliche Information hingegen stärkt das Wir-Gefühl.

Grundlage für die hohe Kunst der Unternehmenskommunikation ist zum einen das Wissen um Strategien und Ziele, zum anderen ein Selbstbewusstsein, das Ihnen ein eloquentes Auftreten erlaubt. Beides hebt Ihren Mut, die Inhalte lebhaft zu formulieren und die Leser zum Staunen, Mitdenken und Schmunzeln zu verführen. Dann schütteln Sie den Kopf über platte und abgedroschene Floskeln.

So nicht: Bezugnehmend auf Ihr Schreiben vom 8.5.2013 teilen wir Ihnen mit, dass wir Ihnen einen Gesprächstermin am 1.6.2013 in unserem Haus, Rotkehlchenweg 8, 48808 Düsseldorf, Etage 3, Raum 6 vorschlagen.

Nehmen Sie weder Mantel, Hut noch Bezug, sondern formulieren Sie freundlich und sympathisch von Mensch zu Mensch.

So schon: Danke für Ihren Brief. Den habe ich am 8.5.2013 erhalten, den habe ich mit Freude gelesen. Sie fragen nach einem Termin: Gerne nehme ich mir Zeit für Sie. Es würde am 1.6.2013 passen. Darf ich Sie in unser Unternehmen einladen? Meine Kollegin am Empfang wird Sie begrüßen. Ich erwarte Sie gerne zu Kaffee und Gespräch.

Verstecken Sie sich nicht hinter autoritärem Behördendeutsch. In Zeiten ausgeklügelter Kundenbindungsprogramme kann die Intention Ihrer Texte nur lauten: keine Angst vor Berührung. Texte sollten Türöffner sein, zudem einmalig, einladend und höflich. Den besten Eindruck hinterlassen Sie, wenn Struktur, Stil und Ausdruck stimmen. Ihr Vorgesetzter vertraut Ihnen und Ihrer Schreibleistung. Trauen Sie sich, unverkrampft und anders zu sein. Wer sagt, dass Adjektive in Unternehmenstexten fehlen müssen? Wer sagt, dass als Verben in Unternehmenstexten nur „glauben", „verstehen", „ergänzen", „mitteilen" und „auffordern" infrage kommen? Der Duden beinhaltet 135.000 Stichwörter und gilt nach wie vor als Grundlage der Sprache in Unternehmen. Der passive Wortschatz weist gar 300.000 bis 500.000 Wörter auf. Welch ein Fundus: Schöpfen Sie daraus.

Schreibtechnik für kurze Texte

Die größte Tücke des Textens lauert, wenn Sie unstrukturiert und hektisch arbeiten. Wenn Sie denken: Diese E-Mail sende ich noch schnell, bevor ich nach Hause gehe. Oder wenn Sie einen Brief tippen und kuvertieren, bevor Sie zum Meeting spurten. Sie wollen Ihre Aufgaben erfüllen und oftmals ist die To-do-Liste zu lang für einen Tag. Was liegt näher, als ein wenig schneller als üblich zu arbeiten? Tun Sie es nicht. Verzichten Sie besser auf ein Telefongespräch, auf die Kaffeepause oder legen Sie eine halbe Stunde am Ende des Tages drauf. Oder: Erledigen Sie Ihre Schreibaktion an einem anderen Tag. Denn Hektik verursacht Fehler und die trüben Ihr Profil. Flott dahingeworfene Zeilen sind meistens lieblos. Sie wissen ja, der schriftliche Eindruck bleibt – viel länger als ein Fauxpas im Gespräch.

Wenn Sie schreiben, konzentrieren Sie sich einzig auf diese Tätigkeit. Es spielt keine Rolle, ob Sie 200 oder 40.000 Zeichen schreiben, Sie müssen stets

1. das Thema definieren,
2. die Struktur entwerfen,
3. den Text schreiben und korrigieren.

Diese Reihenfolge ist ein Pflichtprogramm für kleine Texte wie E-Mails, Social-Media-Beiträge, Vermerke und Briefe. Bei Textlängen von mehr als einer DIN-A4-Seite sollten Sie Zwischenüberschriften einbauen. Das erhöht die

Leserführung. Ausführliche Hinweise zu den verschiedenen Textsorten finden Sie in Kapitel 2. Blättern Sie zurück, nehmen Sie sich die Muße, an dieser Stelle noch einmal das Wichtigste zu betrachten.

Schreibtechnik für große Textprojekte in drei Phasen

Essays, Reden, Geschäftsberichte oder gar das Unternehmensbuch zählen zu den größten Herausforderungen an Ihre Schreibleistung. Sie strecken Ihre Aufmerksamkeit über viele Tage und Wochen. Schnell könnten Sie die Übersicht verlieren, angesichts des riesigen Bergs, der sich vor Ihnen auftürmt. Mein Tipp lautet: Treten Sie zurück. Beginnen Sie Ihren Aufstieg zur Spitze langsam. Wie ein Bergsteiger sollten Sie sich Ihre Kräfte einteilen und voranschreiten, um nicht auf halber Strecke die Orientierung zu verlieren oder am Ende aufgeben zu müssen, weil die Energie nicht reicht.

Um sich einem Thema vorsichtig zu nähern, gibt es eine Reihe kreativer Techniken. Ich habe für Sie drei ausgesucht, die ich bei meiner Arbeit als Ghostwriterin anwende. Da lasse ich mich auf das Wissen meines Gegenübers ein: Ich höre zu, erahne sein Temperament, schätze seinen Charakter ein, reflektiere, entwerfe eine Schreibstimme und erarbeite ein Konzept. Dann geht es ans Texten. Und da bekanntlich jeder Text so gut wird wie das Verständnis fürs Thema, umkreise ich es wie eine Löwin die Beute. Meine Techniken für diese schleichende Jagd stelle ich Ihnen gerne vor.

Phase eins: Wortwolken – Ideen zum Thema

Diese Kreativmethode spielt mit Assoziationen. Sie ähnelt dem Clustering, das die amerikanische Schreibforscherin Gabriele L. Rico vor rund 40 Jahren entwickelt hat: Aus einem Gedanken wird ein Begriff oder ein Bild und es folgen weitere, die wiederum diese Begriffe oder Bilder auffächern oder verdichten. Wortwolken eignen sich für große Schreibprojekte, für die Fokussierung auf Ihr Thema. Sie geben Ihnen erste Hinweise auf Schlüsselwörter und Kernsätze. Und so geht's:

161

→ Malen Sie eine Wolke in die Mitte eines Blattes und schreiben Sie den prägenden Begriff Ihres Themas hinein, zum Beispiel „Zeitfresser".

→ Malen Sie Strahlen rund um die Wolke und fügen Sie weitere Gedanken hinzu, zum Beispiel: „Telefonieren während einer Schreibphase", „E-Mails checken im Minutentakt", „Flurgespräch auf dem Weg zum Kopierer", „Aufgaben ohne Priorität zwischendurch erledigen" etc.

→ Fügen Sie eine zweite Wolkenebene hinzu, indem Sie die Konsequenzen aufschreiben, zum Beispiel: „roten Faden verlieren", „ablenken lassen", „unwichtige Aufgaben zwischendurch erledigen", „Nervosität", „Stress", „verzetteln", „unfertiger Text".

→ Das Ganze ruft nun nach einer dritten Ebene mit Lösungen. Dehnen Sie Ihre Wortwolken aus bis zu den Seitenrändern und vervollständigen Sie Ihr persönliches Brainstorming mit guten Vorsätzen, zum Beispiel: „aufs Schreiben konzentrieren", „Bürotür schließen", „Smartphone, E-Mail-Programm ausschalten", „Kollegen auf später vertrösten", „nur die wichtigen Aufgaben erledigen", „Übersicht und gute Laune wahren".

Die Wortwolke ist der Einstieg ins Thema. Sie spielen mit den Ebenen, fächern Begriffe auf und erhalten eine Idee für Ihre Gliederung, die Sie vom Problem zur Lösung oder vom Argument zur These bringt. Ziehen Sie Ihr Fazit, indem Sie zwei Kernsätze formulieren.

Phase zwei: Schema-Chart – Struktur im Thema

Die Gliederung ist das A und O eines Textes. Bei großen Projekten, die aus Kapiteln bestehen, zum Beispiel Themenhefte oder Geschäftsberichte, sollten Sie schematisch arbeiten. Am besten wählen Sie das Flipchart aus, um Ihren Text im Großformat zu entwerfen und die Gliederung später in Blickweite an die Wand zu hängen. Das gibt Ihrem Thema eine Präsenz und Ihnen Sicherheit. Sie können dann am roten Faden entlang schreiben, ohne die Dramaturgie aus den Augen zu verlieren. Nach dieser Technik entstehen Drehbücher für Filme und Spannungsbogen für Bücher.

Teilen Sie Ihr Chart durch eine vertikale Linie vom oberen zum unteren Seitenrand und schreiben Sie:

Thema	Lebensbalance ...
Einstieg	Zitat von Seneca: „Wer überall ist, ist nirgendwo" ...
Übergang	Schon die Stoiker mahnten vor mehr als 2000 Jahren zum bewussten Umgang mit der Lebenszeit ...
Situation	Laut aktueller Studie leidet ein Drittel aller Arbeitnehmer in Deutschland unter psychosomatischen Krankheiten ...
Argument 1	Die Verantwortung für diese Entwicklung liegt bei jedem Einzelnen. Es geht im Alltag nicht darum, so viel wie möglich auf einmal zu erledigen, sondern darum, nach Prioritäten zu arbeiten. Wichtige Aufgaben müssen sofort umgesetzt werden. Alle anderen können warten. Experten empfehlen, ...
Argument 2	Aber nicht nur die hohen Ansprüche im Job führen zu Zusammenbrüchen. Vielmehr gönnen sich, so die Studie, die wenigsten ihre tägliche Auszeit. Kleine Ruhe-Inseln im Alltag erhöhen die Lebensqualität, sie beruhigen Geist und Körper. So lautet die Empfehlung, mindestens 20 Minuten täglich in Stille einzutauchen, um in einem guten Buch zu lesen, um zu meditieren oder aber die Gedanken unkontrolliert schweifen zu lassen ...
Schluss	Handlungsanleitung, Ideen, Fazit

Das Schema-Chart gibt Ihnen Orientierung. Sie entscheiden in dieser wichtigen Phase, wie Sie Ihren Text strukturieren und gliedern. Zudem teasern Sie die einzelnen Absätze an.

Phase drei: Rohtexten – Schreiben durchs Thema

In dieser Phase entsteht Ihr Text. Sie kennen nun die Schlüsselwörter, die Kernsätze zum Thema und die Gliederung auf dem Blatt. Legen Sie los. Erinnern Sie sich an den Einstieg in dieses Kapitel? An die kleine Szene beim Coach, als es dem Klienten in den Fingern juckte, weil er endlich loslegen wollte? Holen Sie sich dieses Gefühl zurück. Ahnen Sie, was es heißt, vor einem 800-Meter-Lauf auf den Startschuss zu warten? Die Strecke scheint übersichtlich. Dennoch teilen Sie sich den Atem ein. Schreiben Sie mit dieser Idee, ohne zu pausieren, aber mit Plan. Lassen Sie Ihren Blick immer wieder auf Ihr Schema-Chart schweifen, um die Linie nicht zu verlieren. Schreiben Sie Ihren Text von Anfang bis Ende. Um die Korrektur kümmern Sie sich später.

Einen Rohtext in Händen zu halten ist ähnlich wie das Öffnen einer Silbertruhe. Den wahren Wert erkennen Sie erst, wenn Sie den Deckel vorsichtig angehoben, den Inhalt sortiert und das Silber geputzt haben. Das alles erfordert Anstrengung und Geduld. Aber verzagen Sie nicht, wenn ich Ihnen sage: Sie haben erst die Hälfte des Weges zurückgelegt. Erst auf der zweiten Hälfte vollenden Sie Ihr textliches Meisterwerk.

Pausenzeit

Ich möchte nun erst einmal verharren, gemeinsam mit Ihnen eine kleine Schreibpause einlegen. Verschnaufen wir einen Moment und nutzen die Gelegenheit, eine Expertin zu fragen: Wie können Texter ihren individuellen Schreibstil finden? Einen Schreibstil, der das Unternehmen darstellt und dennoch die eigene Schreibstimme nicht in den Hintergrund drängt?

Interview

Ulrike Scheuermann, Autorin, Psychologin und Rednerin, berät Unternehmen, wissenschaftliche Institutionen sowie Fach- und Sachbuchautoren. Sie hilft Schreibenden dabei, den eigenen Schreibtyp herauszufinden – vom Planer bis zum Drauflosschreiber, vom Versionenschreiber bis zum Patchworkschreiber – und sie hat das Schreibdenken entwickelt.

Wie kann einem Unternehmen der Spagat zwischen der Individualität des Schreibers einerseits und dem Corporate Wording andererseits gelingen?
Ich plädiere häufig für einen wir-, besser noch einen ich-orientierten Stil. Aus folgendem Grund: Immer, wenn wir als Leser im Text eine konkrete Person oder Personengruppe entdecken, können wir einen inneren Kontakt zum Autor oder zum Unternehmen als Ganzes aufbauen. Wir stellen uns unser Gegenüber vor: Da spricht keine anonyme Institution zu mir, sondern ein Mensch oder eine Gruppe von Menschen, die das Unternehmen bilden. Da vermittelt sich eine ganz andere Wertschätzung und wir fühlen uns persönlich gemeint. Das gibt uns als Leser, als Kunden, als Gegenüber ein gutes Gefühl. Zudem weiß man durch Ergebnisse aus

der Verständlichkeitsforschung: Texte lesen sich leichter und sind verständlicher, wenn der Autor im Text erkennbar ist.

Mit einem Ich- oder Wir-Stil gehen häufig individuelle Formulierungen einher. Und das mit gutem Grund: Kunden kennen sich heute mit Textbausteinen recht gut aus. Sie registrieren – bewusst oder unbewusst –, ob hier jemand eigens für sie formuliert oder Sätze kopiert hat. Es ist wichtig, dass sich mit einem Corporate Wording das Leitbild, die Firmenkultur und die Identität des Unternehmens abbilden. Dabei hilft es, wenn sich die Mitarbeiter mit ihrem Unternehmen identifizieren, mit Schreibtraining und Schreibcoaching ein gemeinsames Sprachgefühl entwickelt haben und einen stimmigen Duktus kontinuierlich üben und mit gegenseitigem Feedback verfeinern.

Wie sieht der optimale Schreibprozess aus?

Jeder Schreibprozess ist anders. Er orientiert sich an den Vorlieben und am Schreibtyp des Autors und ist zugleich angepasst an die jeweiligen Anforderungen: Der Projektleiter, der einen Bericht schreibt, wird planvoller vorgehen als eine Geisteswissenschaftlerin, die schreibdenkend neue Gedankenwege geht. Sie kann sich gestatten, vorerst relativ unstrukturiert drauflos zu schreiben.

Sie haben das Wort Schreibdenken kreiert. Was bedeutet das?

Beim Schreibdenken nutzt man das Schreiben als Denk- und Lernwerkzeug, um herauszufinden, worüber man nachdenkt. Sie können dadurch auch im schnellen Arbeitsalltag konzentriert und fokussiert an die eigene Gedanken- und Gefühlswelt anknüpfen. Schreibdenken ist privat – kein anderer liest die Texte, es fungiert also nicht wie gewohnt als Mittel zur Außenkommunikation. Zudem wenden Sie sich dabei von der Außenwelt ab und der Innenwelt zu. Das fehlt sonst oft im Arbeitsalltag und gerade introvertierte Menschen vermissen dies. Schreibdenken geht eher schnell und kurz, meist reichen fünf Minuten. Die richtige Grundhaltung dazu ist geprägt von Neugier und Schaffensfreude. Am Schluss fokussiert man sich mit einem Auswertungsdurchgang nochmals verstärkt auf das Wesentliche – auch dieses Auf-den-Punkt-Kommen ist ein wichtiger Denkschritt, der sonst vielen schwerfällt.

Es wird Ihnen mit der Zeit immer leichterfallen, mit Schreibtechniken zu arbeiten. Dann werden große Schreibprojekte keine Angstberge mehr sein, sondern Herausforderungen. Wärmen Sie sich auf mit einem Themenschreiben. Entwerfen Sie die Struktur Ihres Textes. Und richten Sie dann Ihre gesamte Aufmerksamkeit auf den Rohtext und den Feinschliff.

Vom Rohtext zum Feinschliff

Die gute Nachricht: Texten kann man lernen. Mit Planen, Gliedern und Starten, mit Lust auf Ihr Thema werden Sie nach ein, zwei Stunden höchstwahrscheinlich ein, zwei Blätter in den Händen halten. Das sind gute Aussichten auf Erfolg, denken Sie und legen los. Das Formulieren fällt Ihnen leicht. Viel schneller als geplant setzen Sie den Schlusspunkt. Und nun? Sie überfliegen die Zeilen, beseitigen hier und da ein Flüchtigkeitsfehlerchen, fügen einen Absatz ein und fertig ist der Text. Denken Sie? Dann verrate ich Ihnen an dieser Stelle die schlechte Nachricht: Ihr Text ist längst nicht gut. Der Feinschliff fehlt.

Wie groß ist die Verführung, mit dem Schlusspunkt die Schreibaufgabe zu beenden. Aus den Augen aus dem Sinn, beschließen Sie und minimieren die Stapelhöhe auf dem Tisch, und zwar in flottem Rhythmus. Man schätzt Ihr Tempo im Unternehmen. Man weiß: Sie krempeln die Ärmel hoch und packen zu. Aber Achtung. Das mag für Spediteure ein Qualitätsmerkmal sein, für Texter ist es ein Makel. Ein guter Text reift in Stille. Er wird abgelegt und wieder aufgenommen. Er wird viele Male gelesen und geändert, geschliffen und poliert. Ich weiß, das widerspricht Ihrer Auffassung von Effizienz im Job. Und manchmal kann diese Prozedur, diese Kritik am eigenen Wort auch am Ego kratzen. Das habe ich am Anfang meiner Texter-Tätigkeit schmerzlich erfahren.

Kopfnicken auf Indisch

Autorinnen fallen nicht vom Himmel. Aber hin und wieder wandelt eine von ihnen auf dieser Erde und wirft mit lässiger Handbewegung zwischen Schwangerschaft und Geburt einen Bestseller auf den Markt. Und gleich-

sam ist der Buchtitel ihr Lebensprogramm: Superweib. Bei so viel Leichtigkeit werde ich skeptisch. Die Zornesfalte gräbt sich tief in meine Denkerstirn. Neid macht nicht hübsch.

„Warum plage ich mich mit Übelkeit, Zukunftsängsten und Geldsorgen, während Supermuttis mit Schwung und Bauch ein Buch schreiben?", fragte ich mich damals und rechnete nach: Vom Wissen um das ungeborene Leben bis zum Geburts- und Abgabetermin verstreichen höchstens sieben Monate. Rechnet man die zwei ersten der Unwissenheit um den eigenen Zustand einmal ab. Respekt!

Und so war es bei mir: Ungefähr zur gleichen Zeit erhielt ich meinen ersten Sachbuch-Auftrag. Als Ghostwriterin. Die Vorgabe war ungewöhnlich, denn in jedem Kapitel sollte Prosa erklingen. „Streuen Sie literarische Geschichten ein", so der Autor. „Touchen Sie den Leser. Das machen die Amerikaner auch so, nur in Deutschland sind Sachbücher staubtrocken. Können Sie das?"

Heute nennt man das Storytelling. Damals war ich überfordert. Literatur in Sachbüchern? Ich holte mir Hilfe. Ich brauchte eine Supervision für den Schreibstart. Mit dem Experten im Rücken begann ich mit Recherche, Drehbuch, Kapitelentwurf, Feingliederung. Die Arbeit fiel mir leichter als gedacht und nach vier Wochen legte ich diesem 40 Seiten Erzählung vor. Ich war felsenfest überzeugt: Der wird jubeln.

Das tat er nicht. Wie ein Inder wippte er mit dem Kopf von einer Schulter zur anderen. Eine solche Geste hatte mich schon immer verunsichert. Bedeutet sie ein Ja oder ein Nein oder gar Verwunderung? Seit dieser denkwürdigen Coaching-Stunde weiß ich es. Das indische Kopfwackeln soll heißen: Daran müssen wir noch arbeiten. Es gibt viel zu tun, während das Wasser den Ganges hinunter fließt!

Und so tat ich. Vier weitere Wochen lang. Ich schrieb unzählige Versionen dieses einzigen Kapitels. Mit geänderter Perspektive und neuem Handlungsstrang. Mit experimenteller Dramaturgie von hinten nach vorne. Ich schrieb mir Finger und Hirn wund, gepackt von dem Ehrgeiz, das Kopfwackeln zu stoppen. Am Ende war ich fertig mit den Nerven. Ich hatte Angst, die Schreibstimme zu verlieren, Angst, die Zusammenhänge nicht zu erkennen. Ich hatte ernsthafte Zweifel an jenem Talent, das ich seit

Kindertagen wie einen Schatz in mir trage: an meinem Sinn fürs Schreiben.

Mittlerweile füllten sich die Spalten der Zeitungen mit der lachenden Supermutti, die zum zweiten Roman ansetzte, und ich feilte noch immer am ersten Kapitel. Langsam ahnte ich: Mein Feinschliff wird zur Dauerschleife. Irgendwann zwischen der sechsten und zehnten Überarbeitung quittierte ich die Supervision. Das ist 20 Jahre her. Der Autor veröffentlichte das Manuskript nie. Er fand, die Zeit sei für Prosa in Sachbüchern doch nicht reif. Für mich war es eine lohnenswerte Episode. Ich zelebriere den Feinschliff meiner Texte noch heute, aber kenne den Point of Return. Danke, lieber Schreibcoach von 1994 für Strenge und diese Einsicht.

Das Schreiben der Manager

Die Korrekturen am Text dauern genauso lange wie das Schreiben selbst. Diese Regel gilt für ein Buchkapitel ebenso wie für jede Textsorte der Unternehmenskommunikation. Ich lehne mich gar noch weiter aus dem Fenster und behaupte: Nicht das Texten stellt die kreative Leistung dar, sondern der Feinschliff. Dieses Verständnis wird es Ihnen leichter machen, mit Versionen zu spielen, Passagen zu streichen und Strukturen zu ändern.

Vielleicht ziehen Sie an diesem Punkt aber auch die linke Augenbraue hoch, weil Sie sich wundern: Sie haben Personalverantwortung, müssen die Abläufe koordinieren und zusehen, dass Sie Ihre Ziele erreichen. So fragen Sie mich: „Frau Borgmann, ist das Ihr Ernst? Wissen Sie, unter welchem Druck wir arbeiten, wie oft bei uns die Luft brennt? Sollen wir unseren Kunden sagen: Ruhe bitte. Nicht stören. Wir sind kreativ?" Bei diesem Einwand bleibe ich entspannt und wähle eine Keule aus meinem Werkzeugkasten und die heißt: Umfrage.

Spätestens seit dem Krisenjahr 2009 steht fest: Wer mit einer transparenten und vertrauensvollen Kommunikation in die Zukunft geht, sichert die Überlebenschance seines Unternehmens um ein Vielfaches. Die Universität Hohenheim veröffentlichte in dem Jahr die Ergebnisse der TOP-500-Umfrage unter dem Titel „Kommunikationsmanagement in Zeiten der Krise" und gab einen Ausblick auf die Folgejahre. Sie stellte die Verantwortung der Führungskräfte in den Mittelpunkt der Betrachtungen und prognostizierte:

„Manager müssen mithelfen, in den Köpfen der Stakeholder Weltbilder … zu schaffen, die von den Menschen auch akzeptiert werden … Konkret bedeutet dies z. B. auszusprechen: Unter welcher Überschrift reden wir über ein Thema? Was ist das Motto für das gemeinsame Projekt? Welche Geschichte erzählen wir?"

Heute, wenige Jahre später, stehen wir noch immer vor diesen Fragen. Sie haben nichts an Aktualität eingebüßt, auch wenn die Krise überwunden scheint. Wer sich in seinen Texten authentisch und spannend in Szene setzt, wird wahrgenommen am Markt. Wer fehlerhaft kommuniziert, ohne Stringenz und System, verliert an Glaubwürdigkeit und richtet auf Dauer Schaden an. Das klingt bedrohlich, aber es ist die Wahrheit. Markenbildung beginnt mit Worten. Deshalb möchte ich Sie einladen, an Texten zu schleifen wie ein Künstler an seinem Werk, solange bis jeder Leser Ihren Unternehmenswert erkennt.

Die Facetten im Text

Stellen Sie sich vor, Sie sind ein Maler. Sie betreten Ihr Atelier, sagen wir eine Hinterhofhalle im Berliner Wedding. Das Milchglas der deckenhohen Fenster mildert die Mittagssonne, Staubkörnchen schweben Ihnen entgegen. Mitten im Raum ragt Ihr Werk auf der Staffelei. Ihre Arbeit beginnt:

→ Sie wahren Distanz, um das gesamte Panorama auf dem Blatt zu erfassen.
→ Sie treten näher und betrachten den Mittelpunkt des Bildes, jene Treppe, die aus dem Nirgendwo ins Nichts aufsteigt.
→ Sie gehen noch näher heran und wundern sich über die Risse in der Oberfläche, über die Unebenheiten im gezeichneten Stein.
→ Sie lassen Ihre Augen wandern mit der Steigung der Treppe von unten links nach oben rechts.

→ Nun beginnen Sie, mit Strichen die Linien zu verfeinern, Schatten hinzuzufügen, Flächen zu radieren.

→ Sie sind glücklich, denn genau diese Arbeit macht Ihnen Freude.

Das ist Kreativität, das ist ein Spiel mit Perspektiven. Begutachten Sie Ihren Rohtext wie ein Künstler seinen Entwurf. Betrachten Sie sich Ihr Mailing, Ihre Pressemitteilung, Ihren Beitrag zum Geschäftsbericht und nehmen Sie sich Zeit für die sieben Schritte zum Feinschliff.

Lassen Sie Ihren Text reifen

Nach dem Schreiben eines Rohtextes brauchen Sie Abstand zum Thema. Ihr Energiespeicher ist nach dieser konzentrierten Tätigkeit leer. Deshalb:

→ Wenden Sie sich anderen Aufgaben zu.

→ Bringen Sie sich auf andere Gedanken.

→ Nach dem Schreiben kurzer Texte gönnen Sie sich einen Kaffee, eine Plauderei mit Kollegen.

→ Nach dem Schreiben langer Texte schlafen Sie eine Nacht darüber, bevor Sie frisch und frei mit der Überarbeitung beginnen.

Eine Pause zwischen Rohtexten und Feinschleifen verhindert, dass Sie sich gedanklich festfahren und Ihre Kreativität einschränken. Sie bringen Ruhe ins Schreibprojekt. Sie gewinnen Zeit für eine Reflexion aus der Ferne. Beides sind bewährte Methoden, um Kommunikationsfehler zu vermeiden.

Suchen Sie sich einen Testleser

Schwierige Thementexte und Veröffentlichungen, die für das Unternehmen sehr wichtig sind, sollten von einem Testleser begutachtet werden. Bitten Sie einen Kollegen, einen Experten oder einen Freund Ihres Vertrauens um Hinweise zu Stimmigkeit, Ausdruck und Gesamtwirkung.

Tipp

Danken Sie dem Testleser, nehmen Sie die Kritik entgegen, aber rechtfertigen Sie sich nicht. Dieses erste Echo gleicht einem Geschenk.

Das erste Lesen in Gänze

Jetzt beginnt der Feinschliff. Ich empfehle für diese sensible Phase einen Orts-wechsel, ein Lesen auf Papier und nicht am PC. Das unterstreicht den Per-spektivenwechsel. Mit einem spitzen Stift in der Hand sind Sie zur Eigen-kritik bereit. Lesen Sie Ihren Text von Anfang bis Ende laut vor.

- → Wo stolpern Sie?
- → Wo verlieren Sie den Faden?
- → Wo verlieren Sie Ihren Leser?
- → Wo fehlen Absätze?
- → Wo fehlen Übergänge?

In dieser Phase arbeiten Sie an der Struktur Ihres Textes und somit am Span-nungsbogen. Es kann sein, dass Sie Absätze verschieben, Zwischenüberschrif-ten einfügen, Überleitungen formulieren. Führen Sie diese Übung mit leichter Hand aus, mit Lust auf Variationen.

Tipp

Vielleicht entscheiden Sie sich, Ihren Text noch einmal neu zu schreiben. Tun Sie es. Er wird besser. Das verspreche ich Ihnen. Oftmals ist ein konsequenter Neustart sinnvoller als das Herum-doktern an Mittelmäßigkeiten.

Fesseln Sie den Leser

Das Drehbuch zum Film, das Konzept zum Buch und das Storyboard für Unternehmenspublikationen, alles dreht sich in der Quintessenz um eines: um den Spannungsbogen. Er ist für Ihren Text so grundlegend wie die Farbe für das Bild, wie Licht und Schatten für die Zeichnung. Er bringt Ihre Hand-lung auf den Höhepunkt und ohne ihn würden Sie Ihren Leser irgendwo zwischen Seite eins und vier verlieren.

Aber: Wie halten Sie Ihren Leser im Text? Mit der wachsenden Bedeutung des Storytellings für die Unternehmenskommunikation drängt sich diese Fra-ge in den Vordergrund. Es lohnt sich, in der Werkzeugkiste von Autoren zu kramen, um zu erkennen, wie die Profis den Spannungsbogen aufbauen:

→ Autoren kennen ihre Leser. Sie wissen, wo sie zucken, lachen oder weinen.

→ Sie ziehen von Beginn an den Leser in eine Szenerie, vermitteln ihm Eindrücke und Ausblicke.

→ Sie werfen Fragen auf und geben das Versprechen, im Lauf des Textes die Lösung zu verraten.

→ Sie haben den Mut, außergewöhnliche Wörter zu wählen.

→ Sie benennen Konflikte und Argumente und bleiben dem Leser nah.

→ Sie verengen den Blick auf das Wesentliche, bevor die Spannungskurve den Höhepunkt erreicht.

→ Sie bieten dem Leser einen Mehrwert oder Nutzwert zum Schluss.

→ Sie redigieren ihre Texte niemals tot.

Das bedeutet für Ihre Unternehmenstexte im Corporate Publishing: Spannung entsteht durch Versprechen. Glaubwürdigkeit durch Lösungen. Bieten Sie beides in den Medien Ihres Unternehmens an. Für Sie heißt dies:

→ Schreiben Sie für Ihre Leser, nicht für Ihren Chef.

→ Setzen Sie in Ihrem Storytelling Ihre Werkzeuge gleich auf den ersten Seiten ein, machen Sie den Leser neugierig.

  • Deuten Sie an, aber klären Sie nicht auf.

  • Versprechen Sie, dass der Leser später mehr erfährt. Dann erzeugen Sie einen harten Schnitt, indem Sie die Szene wechseln. Behalten Sie sich die Haupthandlung für den Mittelteil vor. Ein Storytelling ist keine Pressemitteilung, in der Sie bereits im ersten Absatz die fünf W-Fragen beantworten müssen.

→ Spielen Sie mit Perspektiven. Beginnen Sie mit weiter Blende, fokussieren Sie mehr und mehr, bis zum Tunnelblick, bis nur noch Ihre Kompetenz erkennbar ist. Dann ziehen Sie wieder auf und lassen einen Lichtstrahl in die Zukunft weisen. So schwingt Ihr Text nach.

Legen Sie einen Steinbruch an

Ich weiß aus meiner Zeit als Korrektorin in verschiedenen Zeitungsredaktionen: Streichen tut weh. Immer geht das Löschen wohlfeiler Worte an die Ehre des Schreibers. Deshalb empfehle ich die sanfte Methode, nämlich Copy-and-Paste, und das geht so: Öffnen Sie ein neues Dokument, überschreiben Sie es mit „Steinbruch" und füllen Sie es mit all jenen Passagen, die Sie zunächst entfernen, um Ihren Text zu straffen. Später werden Sie vielleicht darauf zurückgreifen und den einen oder anderen Teil wieder einfügen, aber erst einmal verschwinden die Sätze vom Blatt. In diesen Steinbruch legen Sie Folgendes ab:

→ Redundanzen, also alle Wiederholungen, die Ihren Text aufblähen oder den Leser langweilen
→ Sätze, die die Spannung drosseln, weil sie Antworten vorwegnehmen
→ Formulierungen, die vom Thema abschweifen
→ Einschübe, die die logische Reihenfolge unterbrechen

In dieser Phase geben Sie Ihrem Text Tempo oder Melodie. Sie fokussieren sich auf das Wesentliche, nämlich auf Ihre Botschaft und auf Ihre Kommunikation mit dem Leser.

Wortwahl und Fehlersuche

Polieren Sie auch die kleinen Facetten wie einzelne Wörter, Fachbegriffe und Namen. Gibt es unnötige Wortwiederholungen? Generell ist es besser, bei einmal gewählten Begriffen zu bleiben, um den Leser nicht zu verwirren, aber oftmals können Sie Pronomen wählen oder mit Satzkonstruktionen spielen.

So nicht: BrownXL basiert auf der neuen Nanotechnologie und schützt die Haut zuverlässig vor UVA- und UVB-Strahlen. Die Viola-Sonnencreme BrownXL garantiert als erste Sonnencreme einen Breitbandschutz mit Mineralien und einen Schutz vor freien Radikalen. BrownXL pflegt zudem die Haut und blockt Sonnenstrahlen ab.

Beispiel

Besser klingt: Viola ist es gelungen, eine Sonnencreme zu entwickeln, die zwei Komponenten vereint: einen mineralischen Breitbandfilter und Nanotechnologie. Somit neutralisiert BrownXL die freien Radikalen in den unteren Hautschichten. Sie pflegt den Teint und schützt zuverlässig gegen UVA- und UVB-Strahlen.

Kapitel 3: Texten mit Technik

→ Streichen Sie überflüssige Adjektive und Adverbien. Zu viele von der Sorte plustern den Text auf.
→ Finden Sie angemessene Verben.
→ Achten Sie auf Rechtschreibung und Grammatik sowie auf Interpunktion und Zeiten.

Diese Arbeiten finden an der gültigen Version statt. Sie sollten jetzt weder die Gesamtstruktur noch die Feingliederung Ihres Textes ändern. In dieser Phase arbeiten Sie nur noch an Feinheiten.

Fast geschafft

Eine verlässliche Linie in der Kommunikation macht das Unternehmen glaubwürdig und fördert eine nachhaltige Wirkung. Sie verpassen den Unternehmenstexten einen hohen Wiederkennungswert, wenn Design und Wording stimmig sind und dieser Linie folgen. Richten Sie deshalb zum Schluss den Fokus darauf, ob sich in Ihrem Text das Corporate Design widerspiegelt:

→ Stimmt die Position von Logo und Wortmarke?
→ Verwenden Sie die richtigen Schriften?
→ Halten Sie alle Formate und Layoutvorgaben wie Seitenränder und Schriftgröße ein? Sind die Stilelemente wie Linien, Farben und Prägungen richtig gesetzt?
→ Verwenden Sie die Unternehmensbildsprache?

Achten Sie außerdem auf das Corporate Wording:

→ Passen Bild und Wort zueinander?
→ Enthält Ihr Text Schlüsselwörter zum Unternehmen, die Kompetenz markieren?
→ Trifft der Ton im Text Ihre Unternehmenskultur und gleichzeitig den Geschmack des Lesers?

Genug ist genug

Hier endet der Feinschliff. Ihr Text ist gut. Tappen Sie nicht in die Falle, ihn totzukorrigieren. Erkennen Sie den Point of Return, denn irgendwann kippt die gute Absicht um in Verkrampfung. Dann verliert Ihr Werk jegliche Leichtigkeit. Statt Freude zu versprühen, wird es leblos. Ich kenne Schreiber, die verharren in der Korrekturphase und verlieren den Mut, ihren Text je zu veröffentlichen. Das jedoch wäre fatal für ein Unternehmen. Korrekturwut ohne Ende stört die Abläufe und fördert Unsicherheit. Deshalb atmen Sie durch und senden Sie an dieser Stelle Ihren Text durch die Kanäle, bringen Sie Ihren Beitrag mit Stolz in die Welt.

Sie haben Ihr Bestes gegeben und letztendlich zählt dieses Gefühl mehr als ein Rechtschreibfehler auf einer Seite. Perfektion mag erstrebenswert sein, Perfektionismus ist es nicht. Das sagte sich auch die Bestsellerautorin, als die Geburt nahte. Sie veröffentlichte ihren Roman mit der Gewissheit: Schleifen lässt sich immer. Jahrelang. Aber besser wird das Skript nicht zwangsläufig. Der Erfolg gab ihr recht.

Tipp

Ständiges Zögern und Zaudern mag der Grund sein, warum so wenige Mitarbeiter in Unternehmen bereit sind, Texte unter eigenem Namen zu publizieren. Ich möchte Sie zum Schreiben ermuntern. Denn Sie werden mit jeder Veröffentlichung wachsen, beruflich und persönlich. Schreiben bedeutet, sich zu entwickeln, sich zu einem Experten eines Themas zu machen. Das schärft Ihr Profil und wird auf Dauer Ihren Arbeitsplatz sichern. Nehmen Sie sich also Zeit für diese Arbeit und verbinden Sie Technik mit Kreativität im Rohtext und im Feinschliff.

Schreibblockaden und Selbstmotivation

Texter fürchten sie wie der Teufel das Weihwasser. Und doch kommt jeder irgendwann mit ihr in Berührung. Jeder kennt sie und fürchtet sie – und wenn sie sich einmal breitmacht im Kopf, dann dauert es nicht lange, bis der Körper reagiert. Ich rede von einer Schreibblockade. Meist schlägt sie in einem ungünstigen Moment zu. Der Start eines Projekts oder das Ende bieten einen fruchtbaren Boden für quälende Gedanken: Das schaffst du nicht. Du brauchst Abstand. Mach mal eine Pause. Dieses Projekt raubt dir den letzten Nerv. Niemand unterstützt mich. So oder ähnlich kriechen Krafträuber in die Schreibphase und nagen an der Energie. Bald schon zeigen sich die Symptome: Kopfschmerzen, innere Unruhe, Traurigkeit. Und schrauben wir die Spirale einmal weiter, grinst Ihnen ganz am Ende, an der letzten Windung die hässliche Fratze eines Burnouts entgegen.

Arbeiten unter Stress

Alles beginnt mit einem Gefühl von Stress. Ihr Körper schüttet zu viel Cortisol und Adrenalin aus und Ihr Blutdruck steigt. Das mag kurzfristig die Leistung heben, aber langfristig ist es schlichtweg ungesund. Laut dem „Stressreport Deutschland 2012", den die Bundesanstalt für Arbeitsschutz und Arbeitsmedizin in Auftrag gegeben hat, wirken drei große Stressfaktoren besonders stark:

→ Arbeiten bei hohem Termin- und Leistungsdruck
→ Arbeitsunterbrechungen
→ Arbeiten an der Grenze der Leistungsfähigkeit

Mit diesen drei Faktoren müssen sich Führungskräfte im Bereich der Unternehmenskommunikation auseinandersetzen, wollen sie für ein gesundes Klima sorgen. Und die Mitarbeiter müssen sie als Ursache für eine Schreibblockade akzeptieren. Was liegt näher, als die Ergebnisse der Studie einfach umzudrehen und daraus ein Rezept für das Texten mit Freude zu formulieren, wenn auf Ihrem Schreibtisch der Auftrag landet: Übernehmen Sie die Redaktion des nächsten Geschäftsberichts.

→ Schreiben Sie nach Plan und in kleineren Sequenzen.
→ Eliminieren Sie Störfaktoren und Zeiträuber.
→ Finden Sie Ihre Inseln im Alltag.

Ich möchte diesem Dreiklang gegen Schreibstress noch einen weiteren Tipp hinzufügen: Entwickeln Sie feine Antennen für Ihre Launen. Je früher Sie dem Stress gegensteuern, desto unwahrscheinlicher wird ein Zusammenbruch, ein Blackout vor leerem Papier. Ich habe gelernt, meine Angst vor einer Schreibblockade in den Griff zu bekommen, indem ich mir sage: Früh erkannt hat sie eine ähnliche Wirkung wie Lampenfieber. Sie kann einen beflügeln, tragen und über die Norm hinauswachsen lassen.

Die ersten Anzeichen einer Schreibblockade

Wer gibt schon gerne zu, überfordert zu sein? Das ist unsexy. Das macht alt. Gefragt im Job ist auch in Zeiten der Best-Ager-Generation ein jugendliches Auftreten, das sich nicht am Geburtsjahr bemisst, sondern am federnden Gang und der optimistischen Haltung. Beides trägt zum persönlichen Erfolgsprofil bei. Das finde ich per se gut. Nur beschleicht mich manchmal eine Ahnung, dass in Unternehmen der Druck wächst, Projekte im Schnelldurchlauf zu erledigen und möglichst mehrere Parallel-Aufgaben an sich zu reißen. Gerade so, als wäre das ein Zeichen für Jugendlichkeit. Das lässt sich beim Texten nicht durchhalten, denn Sie wissen: Ein guter Text entsteht mit Ruhe und mit der Freude aufs Ergebnis. Mit dieser Einstellung sollten Sie starten, sich einen weiten Raum für Selbstbestimmung öffnen und dann nach den Worten von Mark Twain Ihre Karriere planen: „Je mehr Vergnügen du an deiner Arbeit hast, desto besser wird sie bezahlt." Zelebrieren Sie also Ihr Schreiben ohne Druck und Stolperfallen.

Acht Merkmale für eine Schreibblockade

Erkennen Sie frühzeitig, wenn sich eine Schreibblockade aufbaut, sie kommt nicht über Nacht. Zunächst blinken kleine Anzeichen auf und wenn Sie diese nicht beachten, wächst die Gefahr.

→ Sie unterbrechen Ihre Arbeit oft, der Drang aufzustehen ist größer als der zu schreiben.
→ Sie suchen Ablenkung, indem Sie unwichtige Telefongespräche führen, E-Mails checken oder mit Kollegen plaudern.
→ Sie lassen sich ablenken, übernehmen Sonderaufgaben, obwohl Sie wissen, dass die Deadline naht.

→ Sie schieben Ihre Arbeit auf, indem Sie sich sagen: Heute bin ich nicht fit, morgen wird mir das Schreiben leichterfallen.

→ Sie zweifeln, ob Sie die Arbeit bewältigen können.

→ Sie grübeln über das Thema, auch wenn Sie Feierabend haben.

→ Sie gehen in Ihrem Arbeitsplan rückwärts statt vorwärts: Zum Beispiel schieben Sie in die Rohtextphase eine Recherche zum Thema ein oder ändern nach dem Feinschliff erneut die Gliederung.

→ Sie empfinden keine Freude beim Schreiben.

Wenn Sie eines dieser Merkmale während einer Schreibphase erkennen, handeln Sie. Ein Themenschreiben, wie ich es im Kapitel „Arbeitsmethoden für kleine Texte und große Projekte" vorstelle, kann hilfreich sein. Schreiben Sie völlig frei von Wertung und Korrekturen fünf Minuten lang zum Thema: Warum ich den Geschäftsbericht gerne schreibe. Unterstreichen Sie die positiven Argumente, formulieren Sie daraus Ihren Merksatz. Er wird Sie zu neuer Leistung motivieren.

Beispiel

WARUM ICH DEN GESCHÄFTSBERICHT GERNE SCHREIBE

Ich weiß, wie <u>wichtig</u> der Geschäftsbericht für meine Abteilung und für das gesamte Unternehmen ist, <u>und ich bin stolz</u> darauf, dass Marika Huffert diese besondere Aufgabe mir übertragen hat. Das zeigt ihr <u>Vertrauen</u>, das sie in mich setzt. Ich merke schon seit einigen Monaten, dass sie mich <u>bevorzugt behandelt</u>. Sie überträgt mir mehr <u>Verantwortung</u> und ich habe das Gefühl, dass sie mit diesem riesigen Projekt testet, wie belastbar ich bin und vor allem wie fähig. Sie hat in der Vergangenheit immer wieder meinen <u>Schreibstil gelobt</u> und sogar vor Kollegen erklärt, dass mein freundlicher Ton und <u>meine Unternehmenskenntnisse</u> gut bei Presse und Kunden ankommen. Nun darf ich beweisen: <u>Ich kann planen und schreiben</u>. Ich will, dass mir dieses Projekt gelingt. Deshalb will ich eine <u>Zeitschiene entwerfen</u> und einen <u>Maßnahmenplan erstellen</u>.

Ich muss nicht alles allein machen, <u>ich kann delegieren</u>.

Ich <u>beginne sofort</u> damit.

Es wird mir den Kopf für Wichtiges freihalten, wenn <u>ein Team hinter mir</u> steht. Ich werde mir in Erinnerung rufen, dass ein Text sich langsam aufbaut und deshalb muss ich nicht von Anfang an diesen Druck empfinden, einen perfekten Beitrag im ersten Durchgang zu schreiben.

Ich werde mich an meine Freude erinnern, die ich spüre, wenn ein <u>Text wächst</u> und mit <u>jeder Version besser</u> wird.

Um mich herum arbeiten <u>hilfsbereite und kompetente Kollegen</u>. Ich werde sie bitten, jede Seite inhaltlich zu prüfen. Und zum Schluss wird die <u>Lektorin</u> den Text optimieren. <u>Gemeinsam schaffen wir das.</u>

Kernsatz: Ich arbeite mit einem kompetenten Team und ich schreibe Schritt für Schritt und mit Freude an meinen Texten.

Selbstmotivation für den Schreiberfolg

„Wenn du merkst, du hast einen Fehler gemacht, beginne unverzüglich, ihn zu korrigieren." Das ist eine Weisheit des Dalai Lama und ich finde, sie könnte die Grundregel sein, mit der sich eine Schreibblockade verhindern lässt. Spüren Sie Unwägbarkeiten im Arbeitsprozess auf und steuern Sie konsequent gegen. Lassen Sie Ihre Unlust auf die Arbeit nicht groß werden, weil Sie die Augen verschließen. Besser ist es hinzusehen, in sich hineinzuhorchen, zu benennen, was schiefläuft.

Dazu gehört manchmal Mut. Es kann sein, dass ein Projekt eine Nummer zu groß für Sie ist: Dann sagen Sie das Ihrem Vorgesetzten. Das ist ehrlicher, als am Ende einzuknicken, wenn Geld und Kraft verpufft sind. Es kann sein, dass Sie einen Tag Pause benötigen, um Energie aufzutanken. Dann entscheiden Sie sich bewusst dafür. Nehmen Sie sich eine begrenzte Auszeit, um dann wieder mit Freude durchzustarten. Es kann sein, dass Sie Hilfe benötigen, dann sprechen Sie Kollegen an oder holen sich externen Rat. Es gibt viele Arten, sich für die Arbeit zu motivieren und Sie selbst werden am ehesten die Werkzeuge kennen. Ob Sie sich mit einem kleinen Geschenk am Ende des Projekts verwöhnen oder ob Sie sich täglich eine kleine Flucht aus der Hektik gönnen, ob Sie mit Yoga oder Joggen Ihre Balance finden, das bleibt ganz

Ihnen überlassen. Ich kann Sie nur ermutigen, die Signale frühzeitig zu erkennen, damit eines nicht auf der Strecke bleibt: die Lust am Schreiben.

Tipp

👉

Eine Blockade muss nicht bedeuten, dass Sie zusammenbrechen oder Ihr Projekt hinwerfen. Mit feinen Antennen für die eigene Stimmung und der passenden Schreibtechnik finden Sie zu Ihrem Thema zurück. Vermeiden Sie Stressoren und Stolperfallen. Sorgen Sie für einen gesunden Ausgleich zwischen Arbeit und Pausen.

Schreiben in Stille

Was schätzen und was neiden Mitarbeiter in Unternehmen am meisten? Diese Frage habe ich ein Jahr lang meinen Kunden und Gesprächspartnern gestellt. Manche fühlten sich irritiert und überlegten, wieso das fürs Texten relevant sein könnte. Manche referierten in epischer Länge über das Klima im Büro. Die Antworten könnten ein weiteres Buch füllen. Ich habe sie gesammelt und ausgewertet – und war überrascht, dass unter dem Strich ein Wort einen überragenden Platz eins einnahm. Es war nicht Kompetenz, nicht Disziplin, es war auch nicht Know-how oder Humor. Das Wort der Wahl hieß: Kreativität.

So ist es konsequent, mit dem letzten Kapitel einen Lichtstrahl auf diese Eigenschaft zu werfen. Dafür wähle ich eine leise Tonart. Denn die Kreativität ist aus einer flüchtigen Stofflichkeit, schwer zu greifen und schon gar nicht zu halten. Wie eine launige Diva erscheint sie nur dann, wenn die Verhältnisse stimmen. Ansonsten bleibt sie fern und alles Bitten und Hoffen, sie möge eintreten, verhallt ungehört. Eines jedoch kann ich Ihnen jetzt schon verraten: Der größte Feind der Kreativität heißt Multitasking.

Laufen auf Hochtouren

Sie sind kommunikationsstark und dieses Attribut steht Ihnen gut. Es weist Sie als Botschafter Ihres Unternehmens aus. Sie reden gerne und coram publico über Ihre Themen und Leistungen. Dabei bewegen Sie sich elegant zwischen der wirklichen und der digitalen Welt und immer weiter nach oben auf der Karriereleiter. Impulse zu setzen, Inhalte zu platzieren, Vorwärtszudenken in Ihrer Branche, dafür werden Sie nicht schlecht bezahlt.

Aber: Es könnte noch besser sein. Also laufen Sie schneller, rufen lauter, agieren gestenreicher als die anderen. Präsenz ist alles, meinen Sie, und steigern den Marathon auf Ultraniveau. Längst im schnellen Rhythmus verfangen, versuchen Sie, die Zeit zu überholen, indem Sie Aufgaben parallel erledigen, delegieren oder Pausen im Tagesplan trotzig streichen. Sie perfektionieren die Kunst des Multitaskings. Adrenalin strömt in Mengen durchs Blut. Ein Kick folgt dem nächsten. Den Schweiß wischen Sie einfach fort – und weiter geht's. E-Mails checken, Meetings vorbereiten und leiten, telefonieren und Fachartikel lesen, und zwar alles auf einmal. Vorsicht, vor allem im Bereich der Unternehmenskommunikation bleiben Warnsignale oftmals unbemerkt. Auch Ihr Businesstag hat nur acht Stunden, gefühlt sind es mehr.

Ich möchte Ihren Ehrgeiz unterbrechen. Ich spanne ein Zielband mitten über die Strecke, damit Sie stehen bleiben und verschnaufen. Denn eines, das behaupte ich, können Sie nicht: Ihre Texte in diesen Stress hinein formulieren. Wer auf Hochtouren läuft, spürt keine Ruhe und keine Muße, um beim Schreiben aus seiner größten Quelle zu schöpfen, der Kreativität.

Der Raum des Geistes, dort wo er seine Flügel öffnen kann, das ist die Stille.
Antoine de Saint-Exupéry

Sich selbst begegnen

Zum Schreiben brauchen Sie Stille. Damit meine ich nicht nur, das Telefongeklingel abzustellen und die Bürotür zu schließen. Um Zeitfresser und Stolpersteine im Arbeitsalltag drehen sich Hunderte Ratgeber. Da haben andere

Autoren eine viel größere Kompetenz, um Hinweise zu geben. Nein, ich meine vielmehr die innere Stille, die klare Haltung, das Fühlen der eigenen Mitte, aus der die Kreativität erwächst, wenn Sie schreiben. Wie gerne würde ich Sie an die Hand nehmen, Sie in einen Raum setzen und die Tür leise schließen. Sie wären allein. Sie würden sich auf den bequemen Lederstuhl setzen und den Computer hochfahren. Ihr Blick würde entlang der weißen Wände gleiten, von dort über den aufgeräumten Schrank. Auf dem Tisch lägen lediglich Ihre drei Projektordner und ein Notizheft mit Stift. Sie würden Ihre Gedanken auf das Hier und Jetzt richten, auf Ihre Freude am Schreiben.

Alles ist im Fluss

Kaum ein Gefühl trägt Sie weiter, persönlich und beruflich, als der Arbeitsfluss. Sich voll und ganz auf ein Thema einzulassen, es zu entwerfen und zu formulieren, sich an einem roten Faden entlang zu hangeln, das ist ein Geschenk an sich selbst. Indem Sie sich aus der Tageshektik zurücknehmen, indem Sie sich abgrenzen und erklären, dass Sie allein und für einige Stunden in Stille bleiben werden, geben Sie dem Schreiben eine besondere Note. Das wird Ihnen den Respekt der anderen und die wunderbare Erfahrung einbringen: Sie können autark sein. Sie können auch ohne Team arbeiten und dabei Glück empfinden. Glücksforscher definieren diesen erstrebenswerten Zustand auf unterschiedlichen Ebenen und immer gibt es eine Komponente, die heißt: den Beruf zur Berufung zu machen.

Ich kann das bestätigen und füge mit großer Geste hinzu: Texten heißt, die Uhr zu ignorieren und abzutauchen in einen Workflow. Früher nannte man das Tatkraft und beiden Wörtern gemein ist die Freude am Werk, die Kreativität, die wächst, wenn wir uns in Raum und Zeit verlieren. Ich lerne von fremden Kulturen. Besonders die selbstzentrierte Haltung der Buddhisten während der Meditation oder der indischen Yogis während der Asanas finde ich faszinierend. Auch die Menschen der westlichen Welt suchen in dieser Ruhe ihre Kraft, lassen sich anleiten zum Murmeln ihrer individuellen Mantras.

Solange es der Konzentration dient und nicht einem Versinken in stoischer Haltung, können diese Methoden für Arbeitsabläufe in Unternehmen sinnvoll sein, können sie Rückenschulen und Zeitmanagementkurse ergänzen. Alles, was Ihnen gut tut, was Sie entspannt, was Ihr Leben in Balance hält, wird sich auf Ihren Arbeitstag positiv auswirken. Fast ruft diese Stelle nach einem Zitat des Dalai Lama. Ich bringe es gerne zu Papier: „Verbringe jeden Tag einige Zeit mit dir selbst." Tun Sie das bewusst. Es wird einen wohligen Kontrapunkt zum Lauf durch Ihre Aufgaben setzen.

Diesen Ansatz der selbstzentrierten Haltung möchte ich in Ihren Businessalltag hineintragen und Ihnen raten: Bevor Sie mit dem Schreiben in Stille loslegen, sammeln Sie sich, legen Sie eine kleine meditative Sequenz ein. Der Knackpunkt an dem gesamten Prozedere ist nur: Wann ist der richtige Punkt, um loszulegen, um aus der Entspannung herauszutreten und auf den Punkt genau jene Schreibleistung zu bringen, auf die Ihr Chef, die Agentur und die Druckerei warten?

Bevor ich in eine Schreibphase einsteige, stimme ich mich mit einem Schreib- oder Lesesprint ein. Bei Letzterem wähle ich ein Buch, eines, das mir am Herzen liegt, das ein intelligenter Autor mit leichter Feder geschrieben hat. Darin lese ich. Fünf Minuten. Zehn Minuten. Und mit dieser kleinen Einheit mache ich mir Laune aufs Schreiben. Hermann Scherers Buch über Glückskinder oder Richard David Prechts philosophische Sammlung finde ich für diese Anregung auf die eigene Schreibarbeit geeignet. Aber bitte denken Sie daran: Es soll nur ein kleines Appetithäppchen sein, nicht ein Versenken in die Lektüre – das können Sie später nachholen. Es soll der Auftakt sein für Ihr Solo an den Tasten.

Ihr Raum für Kreativität

Schaffen Sie sich Ihren Raum, so wie Antoine de Saint-Exupéry ihn beschrieben hat. Verleihen Sie Ihren Gedanken Flügel. Und richten Sie sich in einer angenehmen Atmosphäre ein. Der Raum Ihres Wirkens wird sehr wahrscheinlich Ihr Büro sein. Ich finde es wichtig, dass Sie hier Wert auf eine aufgeräumte Ansicht legen, dass Sie Kitsch und Plunder kompromisslos in den Müll werfen. Staubfänger brauchen Sie nicht zum Denken. Gelbe Zettelchen am Computer, dessen Enden sich nach oben biegen und beim Luftzug zu Boden rieseln, lenken Sie ab. Die Postkartensammlung an der Wand ist sowieso ein Ausrutscher ohne Stil, denn das Corporate Design endet nicht bei der Briefbogengestaltung, sondern prägt das Ambiente im gesamten Unternehmen. Bringen Sie Ordnung in Ihre vier Wände, das befreit ungemein und ist Balsam für Ihre Kreativität.

Sollten Sie im Home-Office arbeiten, könnte die Tatsache, dass Sie allein sind, zu einer legeren Haltung verführen, sagen wir: zum Arbeiten im Schlafanzug. Es sieht ja keiner, denken Sie, und es ist so gemütlich. Schreiben ist aber nicht gemütlich. Die eigene Haltung, die eigene Wertschätzung für Ihre Tätigkeit überträgt sich auf die Zeilen. Glauben Sie mir, es ist besser, sich in einen Arbeitsmodus zu bringen, den Motor mit Blick aufs Thema anzuwerfen und dann im Sinne der Unternehmenskultur eine klare Haltung einzunehmen. Sie gehen ja auch nicht in Flipflops und Shorts zum Pressetermin, nur weil die Sonne scheint.

Der Wandel im Lauf des Jahres kann anders sichtbar werden. Stellen Sie im Winter eine Kerze auf, bringen Sie sich im Sommer mit einem bunten Blumenstrauß in einen Gleichklang mit der Natur. Ein einzelner Blickpunkt kann Sie inspirieren und Ihren Kopf frei machen für die vier Phasen der Kreativität beim Schreiben:

1. Vorfreude empfinden, um sich auf das Thema einzustimmen
2. Balance halten, um in Stille schreiben zu können
3. Bedeutung geben, um den Wert Ihrer Arbeit nach innen und außen zu tragen
4. Loslassen können, wenn der Feinschliff fertig ist und die Deadline naht

Ein Sack voller Glück

Sie haben mich durch die Seiten begleitet. Danke schön. In guten Romanen gibt es zum Schluss ein Happyend, in guten Sachbüchern eine Einsicht, die Sie weiterbringt. Hoffentlich bleiben Gedanken, die über die Buchdeckel hinaus nachschwingen, die eine Resonanz erzeugen für Ihr Denken und Handeln. Ich möchte Ihnen mit diesen letzten Zeilen noch einmal Mut machen zum Schreiben. Sie können die Techniken lernen und für die Kreativität weit Ihre Arme öffnen. Sie können Ja sagen zu Ihrem eigenen Stil, fernab von Plattitüden. Wie Sie schreiben, das sagt viel aus über Ihren Charakter, deshalb verbiegen Sie sich nicht. Bleiben Sie sich treu und holen Sie sich immer wieder dieses wunderbare Gefühl zurück, das entsteht, wenn Sie einen Text, gedruckt und veröffentlicht, in den Händen halten, der Ihrer Feder entsprang. Das kann die Motivation sein, sich an ein nächstes Thema mit größerem Umfang und mehr Bedeutung zu wagen. Wachsen Sie mit Ihren Schreibaufgaben, sammeln und speichern Sie Ihre persönlichen Glücksmomente wie Buchstaben auf dem Blatt. Das wünsche ich Ihnen.

Herzlich
Gabriele Borgmann

Danke

Hinter mir liegen viele Monate des Schreibens. Alles begann mit der Idee, das zu strukturieren, zu erzählen, in dieses Buch zu packen, womit ich mich seit Jahren befasse. Heute sage ich Danke an alle, die mich auf dieser Strecke begleitet haben: Hermann Scherer schrieb das Vorwort. Danke für den Lichtstrahl aufs Buch. Die Experten ihres Fachs, Professor Rudi Keller, Ulrike Scheuermann, Michael Moesslang, Joachim Rumohr und Oliver Numrich bereichern durch ihr Wissen die Kapitel. Danke für Gespräche und Beiträge auch an die Deutsche Rentenversicherung, an die C. Bechstein Pianofortefabrik, an die Deutsche Bahn, an Hugendubel und news aktuell. Meine Testleser, Jörg Achim Zoll und Cläre Stauffer, stiegen in die Tiefen der Seiten hinab und tauchten irgendwann wieder auf mit Anregungen oder Kopfnicken. Ich habe währenddessen den Atem angehalten – deshalb danke für den Lesesprint. Die Lektorin im Linde-Verlag, Theresa Weiglhofer, hat mich von der ersten Projektstunde an mit ihrer wohlwollenden Professionalität begleitet. Danke für die Geduld in allen Phasen. Zum Schluss werfe ich dem Mann an meiner Seite, Wolf Uwe Rilke, ein Küsschen zu: Danke für Inspiration zu den Geschichten, für die gute Laune und für Worte, die jeder Autor hören will, wenn die Deadline naht: „Du schaffst das."

Lese- und Internetempfehlungen

Bücher für Texter

Clark, Roy Peter: Die 50 Werkzeuge für gutes Schreiben. Handbuch für Autoren, Journalisten & Texter. Autorenhaus, Berlin 2009.
Mehr als 200 Textbeispiele und die geballte Erfahrung des Autors machen dieses Buch zu einem Werkzeugkasten fürs Schreiben. Ein Standardwerk auch für die Unternehmenskommunikation.

Duden 9. Richtiges und gutes Deutsch. Das Wörterbuch der sprachlichen Zweifelsfälle. Dudenverlag, Mannheim 2011.
Für Zweifelsfälle bietet der Dudenverlag eine Sprachberatung an, und zwar Montag bis Freitag von 9.00 Uhr bis 18.00 Uhr unter der Telefonnummer 0900 1870098.

Herbst, Dieter Georg: Corporate Identity. Aufbau einer einzigartigen Unternehmensidentität. Cornelsen Scriptor, Mannheim 2012.
Das Buch beleuchtet jeden Aspekt der Corporate Identity. Text, Anleitung, Abbildungen und weiterführende Hinweise bilden ein Gesamtbild für die tägliche Arbeit in der Unternehmenskommunikation.

Keller, Rudi: Der Geschäftsbericht. Überzeugende Unternehmenskommunikation durch klare Sprache und gutes Deutsch. Gabler, Wiesbaden 2006.
Ein umfassendes Werk zur Disziplin Sprache in Geschäftsberichten. Der Autor schöpft aus seinem Fundus als Juror des jährlichen Wettbewerbs „Bester Geschäftsbericht". Er vermittelt sein Wissen als Universitätsprofessor am Germanistischen Seminar der Universität Düsseldorf. Beispiele und Empfehlungen machen das Buch zu einem stilsicheren Begleiter während der Schreibphase.

Lupton, Ellen: Mit Schrift denken. Ein kritischer Ratgeber für Grafiker, Autoren, Lektoren und Studenten. Princeton Architectural Press, New York 2007.

Die Autorin erklärt den Wert der Schrift in der Unternehmenssprache. Das Buch ist eine Quelle des Wissens und der Inspiration für alle, die sich mit dem Corporate Design befassen.

Moesslang, Michael: So würde Hitchcock präsentieren. Überzeugen Sie mit dem Meister der Spannung. Redline, München 2011.
Ein Appell an Reden mit Spannung, Präsentieren mit Dramaturgie. Der Autor zeigt Methoden zum Erfolg.

Rumohr, Joachim und Lutz, Andreas: XING optimal nutzen. Geschäftskontakte – Aufträge – Jobs. So zahlt sich Networking im Internet aus. Wien, Linde 2013.
Das Buch ist ein umfassender Leitfaden für die Nutzung von XING. Es erklärt den Einstieg ebenso wie die Finessen für Fortgeschrittene.

Scheuermann, Ulrike: Die Schreibfitness-Mappe. 60 Checklisten, Beispiele und Übungen für alle, die beruflich schreiben. Wien, Linde 2011.
Das Buch macht Lust, den Stift in die Hand zu nehmen und zu schreiben. Die Autorin kennt als Psychologin und Schreibcoach die Hürden, Blockaden und inneren Schranken und lädt ein, diese mit Übung, Technik und Selbstreflexion zu überwinden.

Stein, Sol: Über das Schreiben. Zweitausendeins, Frankfurt 2009.
Ein Standardwerk für jeden Texter mit Beispielen aus dem Erfahrungsschatz des Autors. Das Buch umfasst Grundlagenarbeit und Redaktion sowie kreatives Schreiben

Eintauchen in Literatur

Hahn, Ulla: Das verborgene Wort. dtv, München 2008.
Eine wunderbare Geschichte über die Leidenschaft für Worte.

Lüscher, Jonas: Frühling der Barbaren. C. H. Beck. München 2013.
Wendungen in dichter Konsistenz. In dieser Novelle spielt der Autor mit Über-raschungsmomenten und entwirft einen perfekten Spannungsbogen.

Mosebach, Martin: Was davor geschah. Hanser, München 2010.
Eintauchen in moderne Literatur: Mit großer Erzählstimme entführt der Autor seine Leser. Anregungen zum Storytelling entstehen durch Geschichten dieses Formats.

Precht, Richard David: Wer bin ich und wenn ja, wie viele? Eine philosophische Reise. Goldmann, München 2007.
Gedanken fliegen lassen – eine Inspirationsquelle vor dem Schreibstart.

Scherer, Hermann: Glückskinder. Warum manche lebenslang Chancen su-chen – und andere sie täglich nutzen. Campus, Frankfurt 2011.
Ein Buch, um seine Wünsche im Leben zu beachten. Das Buch eignet sich wunderbar als Lesegenuss vor dem eigenen Schreibstart.

Tolstoi, Lew: Anna Karenina. Insel, Frankfurt 1966.
Erzählkunst des 19. Jahrhunderts. Show, don't tell: Der Autor zeigt, wie weit, breit und tief eine Erzählform sein kann. Zum Versinken schön.

Nutzwertiges im Netz

www.destatis.de
Das Bundesamt für Statistik zeigt Zahlen, Daten, Fakten und Entwicklungen in Deutschland auf.

www.die-nachrichtenagenturen.de
Die Nachrichtenagenturen zählen zum Standardverteiler der Pressearbeit.

fazarchiv.faz.net
Die FAZ bietet Archivartikel gegen eine geringe Gebühr an, für Pressestellen in Unternehmen ein wahrer Fundus.

Lese- und Internetempfehlungen

www.getty-images.de
*Stockfotos, Imagebilder, Illustrationen und anderes können die Unternehmens-
medien bereichern. Datenbanken im Netz bieten eine große Auswahl, größtenteils
gegen Gebühr.*

http://scholar.google.de
*Die Quelle zur Suche wissenschaftlicher Publikationen. Sie eignet sich für Re-
cherchen zu Unternehmensthemen.*

www.goldmedia.com/analytics
*Goldmedia Analytics bietet Medienmonitoring und Resonanzanalysen an, um
die Presse- und Öffentlichkeitsarbeit von Unternehmen zu optimieren.*

www.künstlersozialkasse.de
*Wenn Unternehmen Freiberufler oder Agenturen beauftragen, können Gebüh-
ren fällig werden.*

www.newsaktuell.de
*Das dpa-Tochterunternehmen versendet Pressemitteilungen oder Pressemappen
an einen ausgewählten oder breit gestreuten Verteiler nahezu in Echtzeit.*

www.presserat.de
*Der Ehrenkodex des deutschen Presserats ist für Journalisten verbindlich und
auch Pressesprecher der Unternehmen sollten ihn kennen.*

www.vgwort.de
*Das Veröffentlichen von Autoren- oder Medienbeiträgen in Unternehmen
kann Gebühren kosten. Die Verwertungsgesellschaft Wort beantwortet Fragen
rund um die Veröffentlichung.*

woerterbuchnetz.de/DWB
*Deutsches Wörterbuch von Jakob und Wilhelm Grimm. Es bietet eine hervor-
ragende Möglichkeit, den eigenen Wortschatz zu erweitert. Zehn Minuten am Tag
reichen aus, um in oftmals vergessenen Worten zu stöbern.*